Farmers' participation in green agriculture
Research on Financing Behavior

农户参与绿色农业的融资行为研究

高阳 / 朱磊 / 郑国平 著

中国商业出版社

图书在版编目（CIP）数据

农户参与绿色农业的融资行为研究 / 高阳，朱磊，郑国平著. -- 北京：中国商业出版社，2017.12
　ISBN 978-7-5208-0142-3

Ⅰ. ①农… Ⅱ. ①高… ②朱… ③郑… Ⅲ. ①绿色农业－融资－研究 Ⅳ. ①F303.4

中国版本图书馆 CIP 数据核字（2017）第 307546 号

责任编辑：孙锦萍

中国商业出版社出版发行
（100053 北京广安门内报国寺1号）
010-63180647　www.c-cbook.com
新华书店经销
黑龙江艺德印刷有限责任公司印制
＊
787毫米×1092毫米 1/16开　12.25印张　195千字
2017年12月第1版　2017年12月第1次印刷
定价：38.00元
＊　＊　＊　＊
（如有印装质量问题可更换）

前　言

绿色农业是促进农业可持续发展的发展模式与体系，推动绿色农业的发展，能够满足人们对食品安全的需求。农户是我国农业生产的主要组织形式，农户在绿色农业与非绿色农业中如何选择，取决于其在绿色农业中的成本和收益的比较。与常规现代农业模式相比，绿色农业对资金的需求量较大，在生产过程和市场活动中表现出了很强的正外部性特征。绿色生产农户往往要承受较高的外部成本，但由于正规金融机构对农户"惜贷"行为突出、农户资金短缺问题严重，阻碍了农户从事绿色农业生产。2016年中央一号文件首次明确了"农户主体"，以农户福祉为一切工作的落脚点。为了解决农户资金短缺这一难题，基于农户的主体地位、现阶段我国供给侧改革政策的提出和绿色农业发展的实际需要，本书对农户参与绿色农业融资行为机理和影响因素进行了理论和实证的研究。

本书解释了影响农户参与绿色农业融资行为的影响因素和影响程度，基于农户的基本特征，科学分析了农户为什么参与、如何参与及参与绿色农业融资后的成本收益，为国家进行供给侧改革激发农户融资需求提供了理论依据。

本书以绿色农业为切入点，以黑龙江、内蒙古两省从事绿色农业生产的2016户农户为研究对象，在深入农户调查和明确行为经济学、金融行为学等相关理论的基础上，分析了本样地区农户参与绿色农业融资行为的现状及存在的问题，并以此为现实基础研究了农户参与绿色农业的融资认知、态度、动机、决策等行为过程及影响因素；采用一般统计法和模型分析法系统分析了农户对于绿色农业融资是否参与、参与程度、参与路径方法以及参与模式等；采用仿真实验法对模型结果进行检验，进一步验证了各影响因素在影响农户参与绿色的农业融资行为方面的程度；对我国农户参与绿色农业的融资行为所存在的具体问题进行分析，并结合影响农户参与绿色农业的融资行为的主要因素情况，在此基础上提出了如何对农户参与绿色农业的融资行为进行优化的对策建议。本书的研究可以丰富农户融资行为理论，为各级政府和相关部门制定相关政策提供依据。研究的内容包括：

首先，运用成本收益理论、风险收益理论和行为激励理论从经济学和行为学的视角研究农户参与绿色农业融资的认知、态度、动机、决策等一系列行为过程。并在此基础上揭示农户参与绿色农业融资行为的影响因素。

其次，运用农户调查数据通过引入计量经济模型对农户参与绿色农业融资行为的影响因素加以实证，分别从农户融资需求、融资额度、融资模式以及融资效果四个层面对农户融资行为的影响因素进行分析。通过建立农户融资行为选择模型，寻找制约我国农户参与绿色农业融资行为的影响因素，并运用仿真实验的方法对实证分析进行模拟检验，分别观察在各影响因素变动的情况下农户参与绿色农业融资行为的变动过程，分析各影响因素对农户融资行为的影响程度。

最后，本书结合农户参与绿色农业融资所存在的实际需求情况，从改善农户基本特征、改善农村社会环境、改善绿色农业生产、健全绿色农业政策体系等四方面提出了对农户参与绿色农业融资行为进行优化的政策建议。

需要说明的是，本书的研究样本是内蒙古和黑龙江两省，两省均属于我国绿色农业生产大省，在我国绿色农业发展中取得了较为显著的成绩。因此，以黑龙江省和内蒙古自治区为典型样本来研究农户参与绿色农业形融资行为，对全国具有一定的借鉴意义。当然，地区之间的差异也是需要考虑的，这也是作者需要进一步研究的地方，由于时间有限，本书难免会有诸多不妥之处，恳请读者批评指正。

高阳　朱磊　郑国平
2017 年 10 月

目 录

1. 绪 论 ·· 1
   1.1 研究背景 ·· 1
      1.1.1 绿色农业是现代农业的发展方向 ······························ 1
      1.1.2 农户是绿色农业发展的重要主体 ······························ 2
      1.1.3 农户参与绿色农业融资是绿色农业发展的条件 ·········· 2
   1.2 研究意义 ·· 2
      1.2.1 理论意义 ·· 3
      1.2.2 现实意义 ·· 3
   1.3 国内外相关研究述评 ·· 3
      1.3.1 农户相关研究 ··· 4
      1.3.2 农户行为相关研究 ··· 6
      1.3.3 农户融资行为相关研究 ·· 8
      1.3.4 农产品价值链融资相关研究 ··································· 10
      1.3.5 绿色农业相关研究 ·· 13
      1.3.6 文献评述 ··· 16
   1.4 研究目标和研究内容 ·· 18
      1.4.1 研究目标 ··· 18
      1.4.2 研究内容 ··· 18
   1.5 研究方法 ·· 20
   1.6 技术路线 ·· 21

2. 相关概念界定与理论基础 ································ 22

2.1 相关概念界定 ···································· 22
2.1.1 农户 ······································ 22
2.1.2 农户行为 ·································· 23
2.1.3 绿色农业 ·································· 24
2.1.4 农户的融资行为 ···························· 29
2.1.5 经济主体参与绿色农业的融资模式及途径 ······ 30

2.2 理论基础 ·· 36
2.2.1 绿色农业经济理论 ·························· 36
2.2.2 农户经济行为理论 ·························· 39
2.2.3 信贷配给理论 ······························ 42
2.2.4 交易费用理论 ······························ 45

2.3 本章小结 ·· 47

3. 农户参与绿色农业融资的机理分析 ···················· 48

3.1 农户参与绿色农业的融资行为过程分析 ·············· 48
3.1.1 农户参与绿色农业的融资认知 ················ 50
3.1.2 农户参与绿色农业的融资态度 ················ 51
3.1.3 农户参与绿色农业的融资动机 ················ 53
3.1.4 农户参与绿色农业的融资决策 ················ 60

3.2 影响农户参与绿色农业融资行为的因素分析 ·········· 63
3.2.1 户主特征因素 ······························ 64
3.2.2 家庭特征因素 ······························ 65
3.2.3 生产经营特征因素 ·························· 66
3.2.4 环境特征因素 ······························ 67

3.3 各因素对农户参与绿色农业融资行为的作用机理 ······ 68
3.3.1 对农户融资需求的作用机理 ·················· 68
3.3.2 对农户融资额度的作用机理 ·················· 71
3.3.3 对农户融资模式的作用机理 ·················· 72

  3.3.4 对农户融资效果的作用机理 ………………………………… 74
 3.4 本章小结 ……………………………………………………………… 75

4. 数据来源及样本情况 ………………………………………………… 76
 4.1 调查设计 ……………………………………………………………… 76
  4.1.1 样本区域选择 …………………………………………………… 76
  4.1.2 调查对象 ………………………………………………………… 78
  4.1.3 抽样情况 ………………………………………………………… 79
  4.1.4 问卷生成 ………………………………………………………… 79
 4.2 调查实施 ……………………………………………………………… 80
  4.2.1 样本调研 ………………………………………………………… 80
  4.2.2 样本回收率及有效率 …………………………………………… 80
 4.3 问卷质量检验 ………………………………………………………… 80
  4.3.1 信度分析 ………………………………………………………… 80
  4.3.2 效度分析 ………………………………………………………… 81
 4.4 样本特征描述 ………………………………………………………… 83
  4.4.1 农户基本特征 …………………………………………………… 83
  4.4.2 农户融资特征 …………………………………………………… 89
  4.4.3 农户收入支出特征 ……………………………………………… 94
 4.5 样本地区农户参与绿色农业融资存在的现实问题 ………………… 95
  4.5.1 农户融资需求强烈且难以得到满足 …………………………… 95
  4.5.2 农户从正规金融机构获得贷款比率较低 ……………………… 95
  4.5.3 农户融资综合成本较高 ………………………………………… 96
 4.6 本章小结 ……………………………………………………………… 96

5. 样本地区农户参与绿色农业的融资行为实证分析 ………………… 97
 5.1 农户参与绿色农业的融资需求分析 ………………………………… 97
  5.1.1 实证分析框架 …………………………………………………… 97
  5.1.2 变量描述 ………………………………………………………… 98
  5.1.3 方法选择与计量模型 …………………………………………… 99

5.1.4 模型估计结果 …………………………………………… 101

5.2 农户参与绿色农业的融资额度分析 ………………………… 101

 5.2.1 实证分析框架 …………………………………………… 101

 5.2.2 变量描述 ………………………………………………… 102

 5.2.3 方法选择与计量模型 …………………………………… 103

 5.2.4 模型估计结果 …………………………………………… 105

5.3 农户参与绿色农业的融资模式分析 ………………………… 107

 5.3.1 实证分析框架 …………………………………………… 107

 5.3.2 变量描述 ………………………………………………… 108

 5.3.3 方法选择与计量模型 …………………………………… 110

 5.3.4 模型估计结果 …………………………………………… 110

5.4 农户参与绿色农业的融资效果分析 ………………………… 112

 5.4.1 实证分析框架 …………………………………………… 112

 5.4.2 变量描述 ………………………………………………… 114

 5.4.3 方法选择与计量模型 …………………………………… 118

 5.4.4 模型估计结果 …………………………………………… 121

5.5 本章小结 ……………………………………………………… 122

6. 农户参与绿色农业融资行为选择的多重仿真模拟 ………… 123

6.1 模型构建 ……………………………………………………… 123

 6.1.1 基本假设 ………………………………………………… 123

 6.1.2 变量描述 ………………………………………………… 123

 6.1.3 行为概率模型的构建 …………………………………… 124

6.2 仿真模拟检验 ………………………………………………… 126

 6.2.1 检验方法 ………………………………………………… 126

 6.2.2 仿真结果与分析 ………………………………………… 128

6.3 本章小结 ……………………………………………………… 138

7. 化农户参与绿色农业融资行为的对策建议 ………………… 139

7.1 改善农户基本特征的对策建议 ……………………………… 139

- 7.1.1 提高农户文化程度 ········· 139
- 7.1.2 增强农户绿色生产信心 ········· 141
- 7.1.3 提高农户环保意识 ········· 141
- 7.1.4 提高农户抗风险能力 ········· 142

7.2 改善农村社会环境的对策建议 ········· 143
- 7.2.1 加快完善农村教育事业发展相关制度 ········· 143
- 7.2.2 优化农村教育结构 ········· 143
- 7.2.3 引导社会力量提供高质量、普惠性的教育服务 ········· 144

7.3 改善绿色农业生产的对策建议 ········· 144
- 7.3.1 推动农户绿色农业生产适度规模经营 ········· 144
- 7.3.2 建立健全绿色农业产业化经营体系 ········· 146

7.4 健全绿色农业政策体系的对策建议 ········· 147
- 7.4.1 完善绿色农业产业化扶持政策 ········· 147
- 7.4.2 对绿色农业产业化各阶段实行税收优惠政策 ········· 148
- 7.4.3 积极开拓绿色农产品市场 ········· 149
- 7.4.4 加大绿色农业政策性金融支持 ········· 150
- 7.4.5 推进绿色农业价值链融资发展 ········· 153
- 7.4.6 扶持互联网 P2P 融资对农业务 ········· 156
- 7.4.7 推动农民互助合作金融发展 ········· 160

7.5 本章小结 ········· 164

结 论 ········· 165

参考文献 ········· 168

附 录 ········· 181

1. 绪　论

1.1 研究背景

1.1.1 绿色农业是现代农业的发展方向

农业的发展在中华民族的历史上源远流长。根据农业发展的各个阶段特征，可以将农业在我国的发展历程划分成四个阶段，即最初的原始农业阶段、传统农业阶段、近代农业阶段以及现代农业阶段。现代农业相比于传统农业，其农业生产中的科技含量更高，具备更高的机械化水平、商业化水平以及标准化水平。现代农业可以进一步划分成石化农业、生态农业以及绿色农业等几个阶段。石化农业作为现代农业的第一个阶段，其对农业的现代化起到了不可忽视的作用，极大促进了现代农业的发展。然而，在此过程中也造成了对环境的极大破坏。

当前，针对农业资源的开发呈过度之势，在农业投入品的使用量上存在着把控不到位的问题，而在地下水面则存在超采的问题，此外还有农业内源及外源污染相互叠加等问题。这些问题日渐凸显，并成为我国发展现代农业不可忽视的制约因素，且引发了社会各界的极大重视[1]。事实上，早在"十二五"期间，我国政府就围绕如何提升农产品质量安全问题采取了相应的措施，其中包括对农产品的质量安全进行全程监控，推行非常严格的食品质量安全追溯制度，且构建严格的市场准入及退出制度，提倡建设绿色及绿色农产品生产基地，并给予相应的支持。在 2015 年 5 月 20 日，农业部联合国家发改委等八部委共同发布了《全国农业可持续发展规划（2015-2030 年）》。在该规划中，提出了大力推动农业可持续发展方面的重要内容，认为这是实现"五位一体"战略布局，以及构建美丽中国的必经之路，同时也是中国走特色新型农业现代化道路的内在要求。农业领域一旦没有实现可持续发展，那么，想要让社会实现长久的安定及繁荣就会显得不太现实，而农业实现可持续发展的唯一途径就是大力发展绿色农业。由此可见，绿色农业是我国农业经济发展的必然要求。

1.1.2 农户是绿色农业发展的重要主体

推行绿色农业符合我国的发展需要，是我国农业经济获得发展的必然要求，而绿色农业的发展更需要绿色农业主体发挥出积极的作用。一般认为，绿色农业的主体应是农户、农村合作组织和工商企业，其中，农户由于数量大、生产力强，更是绿色农业生产发展的重要主体（张秋林，1999）[2]。我国现阶段农村经济组织的微观基础是农户，它的确立极大激发了农业生产主体的活力，解决了农业生产体制的基本问题，解放了农村生产力，农民由此成为独立的商品生产者和经营者。能否调动起广大农户的积极性，使更多的农户投入到绿色生产中来，是绿色农业发展的关键之所在。

1.1.3 农户参与绿色农业融资是绿色农业发展的条件

无疑，绿色农业的发展需要有资金方面的支持。在农村经济市场化及农户经营多元化的促进下，农户对资金的需求呈日益增多之势。然而，农户资金不足却使农户进行绿色生产受到了阻碍[3]。当前，绿色农业生产把农业生产的产前、产中及产后各环节整合在一起，成为完整的产业链条，推行一体化的经营方式，并实现了在生产方面的专业化、在布局上的区域化、在经营上的一体化、在服务上的社会化以及在管理上的企业化。该新型农业方式与传统农业不同，没有局限于只提供初级产品，也没有把生产的各个环节分割开来。不可否认的是，发展绿色农业并非只是农民之事，需要有政府大量资金及政策倾斜等方面的支持。但农户具有足够的资金进行绿色生产是绿色农业发展的前提。绿色农业是一个大的系统工程，涉及到了育种、栽培、加工、仓储及运销等各个环节，而这些环节的要求严且成本高。由于大部分农户缺乏资金，致使农户进行农业生产时沿用传统的农业生产方式，影响了农户主体参与绿色农业生产的积极性[4]。

1.2 研究意义

绿色农业由于屡屡遭遇资金瓶颈障碍而步履维艰，特别是绿色转换期，投入大、成本高，资金来源的渠道少。而资金短缺必然会对农户绿色生产形成影响，并成为我国绿色农业发展的绊脚石。正确地认识和把握农户参与绿色农业融资行为、影响因素以及农户在金融市场上对融资模式选择的差异性，将是调整农村金融市场结构、制定绿色农业宏观发展政策，促进农户经济及绿色农业健康快速发展的关键环节。因此，这一研究的意义在于：

1.2.1 理论意义

1. 从现有文献检索结果可以看出，现阶段学术界对于农户融资行为方面的研究相对而言较为成熟。不过，关于农户参与绿色农业融资行为方面的研究仍不够系统。本文以绿色农业为切入点，以农户为研究对象，运用行为经济学、金融行为学的相关理论，研究农户参与绿色农业融资的认知、态度、动机、决策等行为过程及影响因素，系统分析农户对于绿色农业融资是否参与、参与程度、参与路径方法及模式，可以从一定程度上丰富农户融资行为理论。

2. 研究针对农户融资供求失衡的状况，对农户的内生金融需求进行充分考虑，提出金融机构在对农户提供金融服务时需要结合农户在资金方面的实际需求提供创新性服务，帮助农户提升其收入，这对促使农村金融市场发展理论实现丰富化具有相应的理论意义。

1.2.2 现实意义

1. 在当前所进行的农村金融改革过程中，农户融资难是其中的一个重点问题，分析其形成的根本原因，理论结合实际，探索农户融资难的解决方案，不仅能够对农户融资难的问题进行有效解决，同时对于促使农村金融机制趋于完善也非常有利，可以说具有良好的现实意义。

2. 当前，全球绿色农产品市场呈不断扩张之势，相应的消费需求也在不断增长。在该现实背景之下，农户参与绿色农业融资对于缓解农户信贷约束、加速我国绿色农业快速发展具有重要的现实意义。内蒙古和黑龙江两省是我国绿色农业发展中取得最为显著成绩的省份之一，其绿色产品的生产企业数、绿色产品的个数、绿色产品在国内的销售额与出口额等均在我国位列前茅。基于此，本书选择了这两省作为主要调查地区，并进入到农户家中进行调查。而在获得了相应的调查数据之后，就应在此基础上建立计量经济模型，以此来研究农户融资需求、融资额度、融资模式的主要影响因素，并通过对农户绿色收入的比较研究明确不同融资模式对农户收入的影响，探索农户参与绿色农业融资的最优路径，以期为我国制定绿色农业政策提供一定的参考。

1.3 国内外相关研究述评

国内外相关研究成果及进展情况，对于本书开展深入研究意义重大，是本书进行研究的基础,通过对前人研究进行综合论述,便于对当前的研究现状进行了解,拓宽研究思路,实现对研究空间的有效挖掘及提升研究层次。下文将从国内外农户、农户行为、农户融资行为以及绿色农业等四个层面,对已有的相关研究成果进行评述。针对农户研究进行评述,对于我们深入认识农户及农户形态非常有利;而关于农户行为研究方面的评述,则有助于我们对本研究的着眼点进行明确;农户融资行为研究评述将直接有助于明确写作角度和可能的创新点,以便创新性地深入开展农户参与绿色农业的融资行为研究,绿色农业的研究强调了绿色农业发展的制约因素及绿色农业对资金的强烈需求,使本书的研究更有意义。

1.3.1 农户相关研究

1.农户概念的研究。在我国早期历史中就出现了"农户"一词。尤小文(1999)指出,在原始社会初期,由于生产力水平较低,全体社会成员共同享有社会生产资源,通过劳动合作实现对劳动成果的均分,使得社会生存获得实现。而在社会生产力获得提高的促进下,社会出现了劳动分工,家庭成为生产消费的单一个体,因而也出现了"农户"的概念[5]。卜范达、韩喜平(2003)指出,"农户"具有三个不同的概念——第一,农户的职业分类。农户就是以农业生产为生的人或家庭,与工业、商业、运输业等行业相反,这种以农业为生的农户就是 Fanning Household;第二,划分经济区。农区中生活的家庭或人就是农户,与之相反的是城镇户和城市人员,表述为 Rural Household;第三,划分以身份或政治地位为基础。不享受国家福利的家庭或人称之为农户,通常他们的政治地位都不高,表述为 Peasant 或 politiea lorstatus Household[6]。

当前,国内外学者已经对农户方面进行了较多研究,相应的书籍与文献较多,主要观点有:(1)农户以家庭作为基础。《经济百科词典》对农户定义的界定也进行了相应的解读,认为农户是立足于血缘和婚姻关系这个基础而组成的农村家庭。诸多学者在所进行的研究中,经常会直接用家庭来代替农户;(2)家庭农场与个体农户之间,在概念上趋于相似,基于家庭农场这个概念不够明确,通常在日本等亚洲国家才会出现"农户"一词,在欧美等发达国家通常出现的是"家庭农场"一词。其中的差异化表现在:家庭农场是相对社会化的生产方式;而农户的发展规模则不大,专业化与市场化程度不高,经营活动相对封闭,以自给自足为主[7]。(3)郭熙保(2015)提出将中国农户也称为家庭农场[8]。（4）伍开群（2013）提出，就广义层面来说，农户的除了包括发展中国家的个体农户之外，还包括发达国家的家庭农场[9]；（5）王春来（2014）指出，所谓的家庭农场就是大规模种植户[10]。（6）苏昕（2014）指出，美国的家庭农场，从某种意义上来说就是中国的农户，不过农场的概念范围实际上比农户要广泛，其生产规模也存在差距，这种差异变化是在生产力发展与历史变迁的基础上发展而来的[11]。

2.农户分化形态。在农村进行经济改革，带动农村劳动力市场以及土地租赁市场的发展，并影响农户的经济行为目标和农地投入决策模式，同时，由于农户的家庭资源禀赋、农户家庭特征等内部因素的影响，农户出现了分化形态（彭长生，2013）[12]。农村社会经济获得发展，以及城乡协调发展，必然会引发农户分化这个结果。近年来，学者已经对农户分化等相关方面进行了研究，并获得了扎实的研究成果，而在对农户行为进行研究时也倾向于以农户分化作为基本的研究背景。

目前，国内学术界针对农户分化形态的研究主要有两个方面，即农地规模及农户兼业（马志雄，丁士军，2013）[13]。在农户农地规模分化方面，姜长云（2015）采用实证研究的方法，对不同经营规模农户的经营行为进行分析，经过对农村住户进行抽样调查及开展实地调查后发现，经营规模如何，对农户生产经营行为及经营结构的影响较大[14]。农户行业分化自古以来就一直以家庭副业的方式存在，学术界在农户行业分化方面的研究相比之下较为集中。高强（1998）也选择对领域进行研究，其立足于我国实际对全体农户进行分类，具体共分为六种类型：第一类是纯农业户，这类农户的商品化程度较低，经营的全部是农业，在同质性方面较强，并具有均等性；第二类是商品性专业农户，相比之下，该类农户经营的农业商品化程度较高；第三类是一兼农户，这类农户在收入上主要以农业为主，同时还从事其他一些非农产业经营活动；第四类是二兼农户，在收入上并没有以农业为主，主要从事的是非农产业经营活动；第五类是纯非农业户，这类农户从事的是非农产业，没有再从事农业生产；第六类是不在业户，与上述5种农户类型相比，这类农户具有自身的特点，其农民均不具有劳动能力。该分类方法主要从农户行业分化这个角度进行分类，并获得了诸多学者的认同，且在相关研究中进行了广泛采用[15]。不过，在具体分类上，各位学者也结合研究的实际需要适当局部调整分类方式，如李宪宝（2013）在其所进行的研究中就把农户划分为了三种类型,其中的一种类型为自耕农户,另外两种类型则为兼业农户和城镇农户[16]。许恒周(2012)在其研究中也对各类农户的分类指标进行量化,并认为可以把农户划分为五种类型,即:1.纯农型,2.农兼型,3.兼农型,4.非农型,5.其他型[17]。而秦宏(2009)则,选择对国外农户兼业化进行研究,并发现农户分类的标准均为两个,其中的一个标准为非农收入比例,另一个则是非农劳动时间,该指标是国内农户兼业化分类中一个较为普遍的指标[18]。杨英杰(2014)在他们的研究中,从地域经济差异这个角度对农户进行分类,认为各区的经济发展水平不同,农户行为也存在相应的差异[19]。

由于我国绿色农业生产还不是农户的普遍行为,部分农户对绿色农业、绿色农业融资还存在认知误区,因此,基于学者们对农户概念及农户分化形态的研究,本书所研究的农户范围仅为从事绿色农业生产的商品性专业农户。虽然现阶段这部分农户在全体农户中所占的比重不高,但随着我国绿色农业的逐渐普及,加上农户对绿色农业与绿色农业融资认知方面的转变,从事绿色农业生产的商品性专业农户比重将越来越高,本书的研究也会更有价值。

1.3.2 农户行为相关研究

从农户的层面上来说,其参与绿色农业融资行为,实际上是农户自身的一种经营行为,属于农户经济行为其中的一种类型。本书从这些方面对农户行为研究进行了综合论述。

1.农户经济行为研究。在上个世纪 70 年代之后,学术界开始对农户的经济行为进行研究。传统经济学家对被改造、被限制的农民不屑一顾。而 1964 年 Sehultz 的名著即《改造传统农业》获得发表之后,经济学家们改变了对农民的看法,认识到了农业是后进国家经济发展的关键,农民的行为是在追求自己最大的效用。在这种思想的指导下,经济学家们开始了对农户行为的研究[20]。国内外学者对于农户经济行为问题有着很多精辟的论述。近年来,国际上出现了两种截然相反的代表性学说,其代表人物美国经济学家西奥多和前苏联经济学家哈亚诺夫。国内学术界也对农户的经济行为研究进行了综合性论述。卢迈、戴小京(1987 年)提出了"半自给农户生产行为假说"[21],这是中国最早对农户经济行为方面所进行的研究。宋洪远(1994)则选择对影响农户行为的经济体制因素方面进行研究[22],马鸿运等(2002)也参与到了该领域的研究队伍之中,且在研究中结合问卷调查及观察方法研究我国农户的各种经济行为问题[23]。

王春超（2011）提出，我国农户现阶段经济行为的每一特点，其行为是受内部约束和外部环境刺激作出的理性选择[24]。在关于农业中存在的风险方面的研究，国内学者也进行了相应分析，何大安（2009）在研究中主要对制约农户经济行为的基本因素进行了探究，认为其包括有利益动机的因素、决策和选择权的因素以及信息传递条件等因素[25]。钟春平（2013）研究了风险、不确定性与贫困农户行为的因果关系[26]。

2. 农户模型研究。在国外的研究派别中，苏联经济学家Chayanov（1987）建立的用于分析农民劳动力在工作与休闲之间的时间分配模型可以说是将农户行为模型化的最早先例。虽然Chayanov的模型还存在需要完善之处，但不能否定该模型所具有的开创性意义[27]。Garys Bckder（1992）在研究中最早提出了家庭生产模型的概念。在其看来，家庭不仅是生产要素，还是劳动的提供者，同时也是收入的基本消费单位。LynSquire（1994）在相应的研究中沿用了Bckder的这个研究方法，认为需要把农户的生产环节、消费环节以及劳动时间分配相结合，并在此基础上提出了可分性原理，认为在劳动市场完全竞争的条件下，农户完全可以先决定最优生产水平，然后在收入决定的前提下再决定最优消费，把生产决策和消费决策分开[28]。LynSquire在这个模型中，把农户的所有时间都进行细分，也就是分成了两部分，其中的一部分时间用于农业生产，另外一部分时间则用于闲暇，其研究观点尽管没有对兼业问题进行考虑，不过在农户模型研究兼业问题上则提供了厚实的基础[29]。EshetuMulatu（2002）在研究中，则结合数学规划模型，以及二次风险规划模型对农户的生产环节、消费环节以及劳动力供给方面的反应进行分析，即对各种约束条件与政策变化方面进行相应的反应[30]。

随着现代西方经济学的发展，中国的学术界对于农户模型的运用取得了一定成果。蔡基宏（2005）主要以农户经济调查数据为依据，分析论证了土地规模与兼业程度对于土地产出率的影响[31]。李强、张林秀（2007）在研究中，则在农户经济学理论这个基础之上，首次运用规划模型方法对中国加入WTO以后对农户的生产和消费行为的影响进行了分析[32]。吴连翠、陆文聪（2011）提出了一个在粮食补贴政策下构建既生产又消费粮食的农户生产决策模型，且在该模型中首次引入了政策激励因素[33]。刘帅、钟甫宁（2011）基于农户模型，在此基础上对农户的生产行为进行相应的分析，即分析实际价格与粮食的可获得性，对农户的生产决策行为进行研究[34]。

1.3.3 农户融资行为相关研究

由于发达国家的农村金融深化程度较高，形成了健全完善的农村金融体系，所以农户融资行为相对比较单一，能够十分便捷地从正规的金融机构中获得融资，而在经济欠发达地区，由于农村金融体系还不完善，现代和传统的金融机制两者并存、互相影响，导致农户融资行为也多种多样，成为了众多学者、机构的研究重点。总体看来，学者们大多选择农村融资需求以及农村金融配给进行研究，主要有以下几个方面：

1. 农户融资需求研究。很多学者通过对农户融资需求的研究，得出了类似的结论，即我国的农户融资需求逐年旺盛，尤其体现在经济相对落后的地区。熊学萍、阮红新、易法海（2007）的研究结果表明，湖北省天门市农户的借贷需求越来越旺盛，具有大幅升高的发展趋势[35]。陈鹏、刘锡良（2011）通过对来自10个省份2万名农户的调查表明，我国农户的借贷行为十分普遍，超过七成以上的传统农户都有过借贷行为，其借贷规模和频率随着时间的推移有大幅攀升[36]。易小兰(2012)比较研究了经济相对繁荣和落后地区的农户融资行为，发现无论是经济繁荣还是落后地区，农户对资金的渴求都十分强烈，且经济越落后这种需求越强[37]。顾宁、范振宇（2012）选择临澧县农户的融资情况作为研究对象，同时参考了相关金融机构的数据后研究发现：约八成农户有过借贷的经历[38]。马晓青、刘莉亚、胡乃红、王照飞（2012）对巴彦县兴隆镇随机选择112名农户的取样调查数据进行分析，其结果表明兴隆镇的农户对资金的需求度增幅很快，这112名农户的融资比例由2010年的不到四成在短短的两年内超过了八成[39]。杨庆明（2010）选择江西省赣州市的农户资金情况进行抽样调查，表明超过一半的农户在资金方面有缺口[40]。赵羽、左停（2014）等对陕西宝鸡等地区的实地抽样研究发现，陕西地区的农户对资金也有着旺盛需求，欲望相对比较强烈[41]。肖铁、魏朝富、尹珂（2012）对我国重庆市22个县的1141户农户进行调查取样，发现该地区的资金市场十分活跃，非正规融资渠道的借贷是当地多数农户的融资渠道[42]。钱水土、陆会（2008）选择温州地区的10名农户做实际跟踪，参考十几年的相关数据进行研究总结，获得了刚好相反的结论，即温州地区的融资比例呈逐年降低的发展轨迹[43]。

2. 农户融资额度研究。根据Birthal在2005年所做的研究数据，在当时马达加斯加农户人均收入为 175 美元的情形下,农户从正规机构和非正规机构所融资的额度有所差别,正规机构约为 12 美元,而非正规机构却是约 60 美元[44]。同样,在办理借贷的周期上也有所不同,农户在非正规机构的借贷周期通常较短,为 65 天,而在正规机构的借贷周期或长达前者的数倍,为 226 天[45]。原因是非正规机构比正规机构更有优势[46]、更有效率去收集相关农户的还款能力等信息,也更有优势去选择其他的贷款抵押品[47]。不仅如此,非正规机构融资的风险相对较小[48]。Bouman 经过研究指出,非正规机构能够更为方便地获得相关信息,所以更能根据实际情况进行放贷[49]。因此,正如 Calvin Miller 所指出的那样,农户会优先选择风险小的非正规机构进行融资[50]。国内的众多学者专家根据其研究数据都得出了类似结论,即农户融资的额度相对比较小,属于小额融资者居多,然而融资水平确实是在逐年上升。张世春、申永芳（2014）通过对相关数据的研究分析表明,融资农户所占的比例在呈现出越来越高趋势的同时,其融资水平也越来越高[51]。于丽红、陈晋丽、兰庆高（2014）所做的研究结果也进一步证实了农户融资规模以小额融资为主的结论[52]。胡海峰、陈世金（2014）的研究调查结果则表明,绝大多数农户的融资额度均集中在 5000 到 50000 的额度区间,农户对低于 5000 的超小额度的融资和超过 50000 额度的融资需求偏低[53]。李彬、于振冲（2013）根据新疆生产建设兵团的众多农户调查数据分析发现,农户的融资金额和渠道有着一定的关系：额度在 10000 到 30000 的融资农户多选择正规的金融机构,而额度在 20000 到 30000 区间的融资农户倾向于非正规渠道获取[54]。林安霁、林洲钰（2013）选择山东农户所做分析表明,农户的融资规模通常较小,具备小型化的特点[55]。

3. 农户融资模式研究。农户所在地区的金融体制对其融资行为和模式有着重要影响。知名学者 S.Ceccarel 分别对印度北方邦和喀拉拉邦进行研究时发现：这两个地区的农户融资来源于正规渠道所占的比例相差极大,北方邦的这一数字仅为三成,而喀拉拉邦的这一数据却高达八成[56]；学者 Harrison（2013）在马达加斯加的研究也获得了类似结果,其研究数据表明,农户的所在地区不同,从正规渠道和非正规渠道获得融资的比例相差较为悬殊,分别约为七成和三成[57]。目前我国农村传统的金融机制和现代的金融机制并存,形成了"二元"的金融机制格局,这一格局进一步决定了农户的融资渠道和来源也具有"二元"特性[58]。众多的学者研究表明,我国当前的农村融资中的绝大部分来源于非正规渠道的民间融资，只有少数融资来自于正规金融机构，换言之，农村融资中正规融资所占比例偏低[59]。李喆（2013）的研究发现，农户的主要融资渠道是非正规金融机构，且以亲友邻里融资为主。农户从正规渠道获取的融资量所占比例逐渐变小，而非正规渠道的融资比例却大幅增加[60]，这与韩刚、袁家冬、韩宗白（2013）的研究结论刚好相符[61]。陆静、尹宇明（2013）着眼于农业文化的角度，对我国的农户融资途径进行分析，他认为，在我国农村的农户融资中内部融资占比最高，熟人借贷方式次之，最后才是包括信用社、商业银行等的正规融资渠道[62]。郑思齐、孙伟增、吴璟、武赟（2014）通过调查研究发现农户首选的融资渠道是正规的金融机构，所占比例超过一半，接下来才是非正规的民间融资渠道，占比超过四成[63]。

4.农户融资行为影响因素研究。Driss（2004）通过对马达加斯加地区农户从非正规金融机构融资行为的调查，采用实证分析的方式，得出了距离的远近对农户选择信贷机构具有较大影响，距离越近，越具有被农户选择的优势的结论[64]。不仅如此，还有为数众多的学者选择融资主题的差异性进行了研究。MohammadS（2009）充分发挥了均衡排序模式的优势，针对印度的农户融资情况作了模拟研究，研究发现，融资农户所拥有的农场面积、知识文化水平等自身因素与该农户所能从金融机构获得融资的比例呈线性关系[65]，融资农户的文化程度越高，所拥有的农场面积越大，融资机构的借贷概率就越小[66]。丁志国、朱欣乐、赵晶（2011）利用Logistic回归模型得出了如下结论：家里无劳动能力人数所占总人数比、种植土地总面积、对政策认知程度、农业收入、各种支出、户主的政治情况等因素对农户融资行为有着较大影响[67]。童馨乐、褚保金、杨向阳（2011）等研究者利用Probit模型得出如下结论：种植土地面积、投资方向、年龄和学历水平在农户融资意向和贷款方面有着较大作用。其中前两者的作用效果较为明显[68]。贺莎莎（2008）利用Logit和Probit模型对湖南首花岩的溪村农户同样进行了融资影响因素的分析，结论表明：户主学历的高低是能对其融资行为产生正面影响的，而农户的收入多少并不能对融资产生太大的波动[69]。

1.3.4 农产品价值链融资相关研究

1.农产品价值链融资的理论基础。互联性合约是农产品价值链融资的重要理论基础。互联性制度安排的研究至少始于Bhaduri（1973），此后经过Bell and Zusman（1976）、Bell（1988）等人的不断完善而成为一个相对完整的研究领域[70]。在农业经济中，广泛存在着该制度，即互联合约（Interlinked Contract）制度，简单来说就是两个交易主体将几项交易或合同"捆绑"在一起进行。通过对已有的研究进行梳理后得知，在互联合约方面，可以借助于相互联动的方式，实现对信息不对称程度的有效控制，使得交易成本更低并实现总经济效率的提升。然而，由于总福利出现增加，在这种条件下谁获益更多一些，互联合约这种方式是否会对小农户存在剥削，关于该问题的答案并没有形成统一认识。由于互联合约在定价方面不够透明，而对于贷款利息不足的问题，则可通过收购价格折扣方式、赊销延期付款方式与其他方式等进行填补，对于信贷产品的相关信息是否真实，农户并不是很了解（Anonymous，2008）[71]。在互联合约中，该情况较为常见，农户所获得的生产性贷款，或者是赊来的这些生产资料，在利率方面并不明确，而在实际中，农户需要支付的投入品价格往往较高，或在收获季节时要接受更低的产品收购价格，可见，隐藏的这些真实信贷成本往往高于贷款利息率（Amit，2009）[72]。但也有研究显示，互联合约模式在实践中的运用不会增加剥削、降低效率，而且能在当前的条件下实现效率和收益的大幅度提升（KaveriGill，2007）[73]。AnneL M Keirse（2011）也选择了对该领域进行研究，其以亚洲和非洲的部分国家作为研究对象并发现，就互联了合约而言，其总体上并没有剥削，它对农户来说是有益处的，而小规模的农户可以借助该合约来种植具有较高经济价值的作物，并且获得该作物的市场渠道显然对于提高农户的收入非常有利[74]。

2.农产品价值链融资缓解资金短缺的作用机理。农产品价值链融资之所以能够缓解价值链上某些主体资金短缺的问题，原因在于其具有天然的信息甄别机制、风险降低和偿还贷款激励机制以及抵押替代机制。首先，不管从农业价值链中的农户层面上而言还是在其他参与者方面而言，需要各方具有相互之间的信任，这是其进行有效合作的重大保障（丁宁、牛俊英，2015）[75]。在农业价值链上的各个参与者之间，在进行交易或者相应的借贷活动时，不管是投入品的供应商、加工商还是销售商，都倾向于与其熟悉并且信任的客户进行合作（胡雪萍、董红涛，2015）[76]。在订单农业，或者是垂直一体化的超市价值链之中，小农户在通常情况下会与知名的大企业及大超市进行合作且签订相应的合同，这本身实际上就是一种信息甄别。该甄别方法有助于贷款人对借款人的偿还意愿以及偿还能力等进行评判（陈红，高阳，2015）[77]。其次，农户不管是从农业价值链内部参与者中获得融资还是从银行等金融机构获得融资,其都会被认定为第一还款人。如在坦桑尼亚,其投入品的供应商会向那些将腰果通过集中收购机构销售的生产者提供融资服务,也就是向投入品贷款(段清斌、吴长好、马新叶、王甜甜,2015)[78]。此外,大的购买者通常还会给予小农防虫技术等方面支持,使得其生产风险处于可控范围之内,这对于小农户的偿还能力提升方面益处非常明显,对于维护借款人小农户的信誉也非常有利,可提高其贷款偿还的意愿,以便于将来可以继续获得信贷和销售合同(李建英、张文田、田岚,2015)[79]。第三,农业价值链融资通过提供嵌入交易网络的动产质押方式,能够有效弥补农业中小企业及农户抵押物不足方面的缺陷,形成抵押替代,以缓解逆向选择和道德风险问题,并可以解决抵押交易成本过高的问题;同时,合同关系还会增加价值链的主体信誉水平(王晶、车斌,2015)[80]。

3.农产品价值链融资面临的政策和制度障碍。首先,由于我国农产品价值链的自身结构存在不稳定性和脆弱性,所以违约问题是价值链融资面临的重要障碍。农村地区法律制度和契约执行制度的不完善极易引发违约方面的问题。不管是上游的农业企业还是处于下游的专业合作社及农户等,其在采用价值链融资时均存在这种违约的可能性(郭世静、周朗天,2015)[81]。以订单农业为例,我国订单农业长期存在履约率不高的缺陷。在FAO的一份出版物中,也对中国的一家大型合资企业进行过相应报道。从该报道可知,该企业涉及的农民人数较多,有23000名,然而,该企业在经营了7年之后却只能选择关门,这主要与管理层没有进行有效组织及指导评级操作有关(王群,2014)[82]。根据重庆市农调队(2005)进行的调查可知,订单农业的履约率相对普遍偏低,一些地区甚至在30%之下。此外,《中国经济周刊》在2005年4月18日就报道过与订单农业相关的事件,即"订单农业进入中国10年之后,因其订单履约率在20%以内,因此显得有些水土不服"。没有诚信的环境、法律框架不够完善以及管理方面还存在问题,这些都导致订单农业无法做到可持续性,且会对企业与农户的伙伴关系产生不良影响,使得双方的长期利益出现受损的情况。农产品价格的波动也会经常导致龙头企业和农户发生违约行为,不执行既定的购销合约(石英剑、郝玉萍,2015)[83]。其次,当前农产品价值链融资面临的制度和法律障碍带来了极大的物权风险和抵押担保风险。曹景、鲁德银(2016)

提出，农业在产业化的过程中，一般会伴随着土地经营权的流转，这是实施农业价值链融资的根基。然而，在现阶段，我国相关的法规并没有对土地流转方式和程序进行规范，如不管是在《中华人民共和国土地管理法》上还是在《中华人民共和国农村土地承包法》中均没有对这方面进行规范。而在土地确权及评估机制方面还不完善，使得土地的抵押价值仍无法获得体现，不能扮演撬动价值链融资杠杆的作用。与此同时，从农业价值链融资的抵押替代物层面上来说，其中就包括专利或者许可，此外还有订单契约等，因存在合理价格评估机制缺失的问题而只能成为"担保物"，且是很难处理的担保物，并成为价值链融资实现发展的绊脚石。政府担保的退出机制还没有形成，这对农业价值链融资实现可持续性的影响也非常大[84]。洪银兴、郑江淮等人（2014）提出，尽管我国《担保法》已经对动产抵押产生效力的条件进行过明确，然而在具体执行过程中，金融机构还面临诸多挑战，其中包括对动产物流追踪、仓储监管、抵押物登记以及价格监控等方面均面临严峻的挑战，且在相关法律即《担保法》、《债权法》以及《物权法》等之中，对标的物所有权存在界定不一致的现象，导致金融机构面临着抵押物存在争议、抵押物出现重复抵押及变现困难的风险。这些问题的存在，不利于激活相应部门参与农业及食品价值链融资的积极性[85]。

1.3.5 绿色农业相关研究

1. 绿色农业。追溯中国绿色农业的发展历史，也有 30 多年的实践历程了。20 世纪 70-80 年代末，在诸多专家学者的倡导下，"绿色生态农业"研究讨论会多次召开，由此掀开了关于绿色食品理论研究的序幕。在国内，早期涉及绿色食品与绿色农业方面的研究从总体上来说较为凌乱，所进行的研究大都停留在形式及表面上，主要是对涵义、观念、意义以及生产技术等方面进行了探讨。首部绿色食品理论专著《绿色食品导论》在 1998 年完成撰写，著作者是刘连馥（前中国绿色食品协会会长）。其后，有关绿色食品和绿色农业比较有代表性的研究观点包括：所谓三色食品，即绿色、白色、蓝色。绿色农业的重点是生态问题；白色农业是指微生物技术；蓝色农业是指海洋水生农业（严立冬、崔元锋，2016）[86]。孟慧君、刘加林、邓远建（2009）以大兴安岭地区作为研究对象，主要探究金融支持绿色农业发展过程中还存在的问题，并结合实际提出了金融政策支持绿色农业在今后的发展方向[87]；陈国荣（2009）综合分析了我国绿色农业的发展现状以及应该采用的对策，采用定量分析和定性分析的方法对我国绿色农业的发展现状进行相应的研究，并用比较分析的方法对国外绿色农业的发展状况进行了比较研究[88]；朱述斌（2010）在"我国绿色农业制约因素分析与发展对策研究"一文中运用生态学、经济学、管理学等相关理论系统探讨了我国绿色农业发展中存在的问题和制约因素以及相应对策[89]；霍学喜、屈小博(2005)指出，绿色农业是一项系统工程，具有发展性及动态性持点，需要进行不断探索及总结，其还指出，发展绿色农业是构建和谐社会非常重要的途径[90]；王汉芳、海江波、季书琴、史俊通（2010）以恩施州为例研究了民族地区绿色食品经济的发展情况并指出国家应该在信贷政策、税收政策、企业整合政策以及人才与技术引进等方面支持绿色产业的发展[91]；在 2003 年召开的一次国际研讨会上，中国绿色食品协会第一次提出了"绿色农业"这个概念，且以正式管理组织的名义提出，并提倡积极构建"绿色农业"体系[92]。在这之后，国内关于绿色农业的研究正式进入到新的研究阶段，且新阶段的研究具有深入性及针对性的特点，并对绿色农业基础理论及相应的技术体系等进行了探讨。当前，我国学者针对绿色食品和绿色农业的研究并没有仅仅局限于应用技术研究层面上，还涉及以下五方面理论研究：一是对绿色农业的内涵及特征进行阐述；二是对绿色农业与可持续发展及评价体系进行论述；三是探究绿色食品和绿色农业产业化与促进农业结构调整等相关问题；四是涉及绿色食品市场开发与营销策略方面的研究；五是关于绿色壁垒与国际市场开拓等方面的研究。

2. 绿色农业发展的制约因素。李军民、吴家全、徐万涛、孙荣建、高华清（2012）认为，在市场经济条件下，大力发展农业产业化，会对环境造成严重污染，然而发展绿色农业却受到了诸多因素制约，主要有：农民不具备发展绿色农业所需要的生产技术及资金、终端消费者不了解绿色农产品、绿色农业生产者与消费者之间存在信息不对称、相关政策实施力度不到位、认证机构需不断完善[93]。赵大伟（2012）也对此进行了相应的研究，并认为尽管政府支持绿色农业的发展，在态度上也较为积极，不过所进行的工作主要停留在绿色认证层面上，对于绿色农业实现整体发展方面的投资仍不足。相比之下，中国的绿色农业生产技术与西方发达国家还存在较大差距，没有国家级层面上的绿色农业研究机构[94]。田云、张俊飚（2013）针对该问题的研究则认为，对于中国发展绿色农业而言,主要存在以下三方面制约因素:其一,土地分散非常明显,不利于发展绿色农业;其二,还没有制定相应的认证制度及监督制度,导致存在消费者逆向选择行为;其三,前期成本较高,农民难以支撑。绿色农业不同于一般的常规农业,且在前期生产的成本投入往往比较高,而在农民方面,其自身的资金实力大多一般,单靠其自身力量无法进行绿色农业生产,而潜在可以合作的绿色农业公司则又太少[95]。严立冬、屈志光、邓远建(2011)在研究中认为,尽管对绿色农业生产方面的研究意义重大,但是由于研究经费的不足,使得相应的技术还比较落后,且绿色农业的生产主体也就是农民,其在文化素质上普遍较低,在不了解绿色农业技术的情况下接受该农业形式的程度较为有限。中国的绿色农产品市场还不够大,这与两个方面的原因有关,其中的一方面是绿色农产品在价格上往往较高,另一个方面则与消费者无法对绿色农产品进行有效识别有关,为此,中国绿色农产品的消费者目前还是以高消费及特殊消费群体居多。在国内,关于绿色认证机构的执行标准存在差异,且在认证程序上缺乏规范性,而这些问题的存在使得绿色农产品无法获得公众的认可,即存在公信度不高的问题。相对而言,在发展绿色农业的配套设施上则还比较滞后[96]。梅归归、柴巧燕、汪艳(2008)在其研究中指出,生活在中国贫困地区的农民,对于新事物不易接受,其中就包括绿色农业,因为发展绿色农业前期的投资较多,在效益出来之前农民会排斥绿色农业。此外,在贫困地区,相应的基础设施较差,如在交通设施及通讯设施等方面无法给发展绿色农业提供便利,且还会造成成本出现增加的情况[97]。

3. 绿色农业对资金的需求。汪小勤、黎萍(2002)指出,显然,发展绿色农业的重要性已越来越凸显,不过,尽管发展绿色农业符合社会的发展需要,然而,由于发展这类型农业所受到的制约因素较多,导致其在发展的过程中并非一帆风顺而是困难重重。而在制约因素方面,并没有只体现在制度方面,同时,还具有技术层面的制约因素等等。由于发展绿色农业需要有大量的资金作为支持,为此,面对资金不足的问题,解决好这个问题尤为关键。不可否认的是,农业存在这些方面的特征,即体现在投资的周期非常长,同时存在的风险也较大,以及预期的收益并不明确等方面。而这方面特点,绿色农业更为突出,这就意味着对资金的需求也更大,对技术方面的要求也比一般的农业类型高[98]。绿色农业的发展,需要有大量的资金作为支持,这与其资金投入有很大关系（丁长琴，2012）[99]。而在发展绿色农业的过程中，进行了资金投入之后，其收益的周期较长，正是因为具有该特点，使得农业投资的增长遭受到了相应的制约，具体表现为：投资的时间越长，与之相应的风险也就越大，所需要的风险成本往往也就更高；而另一方面，当资金流转的次数出现下降时，就会使得资金时间方面的成本也相应提升。这些方面问题的存在，使得针对农业的投资具有自身的特点，也就是具有高回报的特点，然而，由于在收益上具有不确定性，使得高投入及高回报机制很难获得实现（龚勋，2012）[100]。在对自然环境的要求方面，相对而言，对绿色农业的要求较高，如果存在自然灾害的问题，或者出现环境污染等方面，就会引发农产品产量、质量的下降，并与预期收益的差距较大。绿色农业的外部性资金供应严重不足，加大对农业财政投入的呼声一直都比较高。要优先确保对农业进行投入，换句话来说，也就是把农业作为优先发展及保障的领域，为绿色农业获得健康发展保驾护航（肖璐熠、刘刚，2013）[101]。金融机构参与对绿色农业进行支持，这其中有喜有忧。就当前而言，我国在发展农业的资金筹集上仍主要依赖于政策性金融，而随着合作性金融模式的逐渐成熟，其在融资方面的作用则开始逐渐凸显。合作性金融在过去并不存在，其是社会发展的产物，目前主要以农村信用合作社为主，同时还包括逐渐获得发展的农村商业银行。不过，也应意识到，当前我国农业金融体系缺乏完整性，在各子系统之间还是相互分离的（严圣阳，2015）[102]。王金秀、郑志冰（2015）也加入到了该领域的研究队伍之中，其在研究中指出，我国的很多银行出于自身发展及生存的需要，纷纷撤离了其在农村的经营网点，这就导致在一些农村地区并不存在金融机构。而合作性金融机构尽管在近年来发展得较快，但从整体上来说目前还属于起步阶段，仅在少部分地区的进展较为顺利。这三种类型的融资，其中包括政策性融资及合作性融资，此外，还有商业性融资，尽管三者在功能上具有明显的差异性，但无法达到绿色农业经营主体的融资需求。在农村地区还存在大量社会资金出现外流的现象，使得绿色农业所出现的资金困境问题及外化矛盾更为凸显[103]。

1.3.6 文献评述

学术界在农户融资行为领域形成了全面和丰富的研究成果，其研究集中于农户融资需求、融资额度、融资模式以及运用计量经济模型对融资行为影响因素等方面。众多前期研究成果，为本书开展农户融资行为相关研究奠定了坚实基础。农户的相关研究明晰了对农户形态的认识，农户融资需求、融资额度、融资模式的相关研究拓展了研究思路，运用计量经济模型对农户融资行为影响因素的研究提供了良好的研究范式。本书的研究正是在众多学者研究基础上开展的，考虑到农户融资行为是一个动态过程，在总结国内外相关研究的同时也发现现存研究在以下几个方面仍值得深入进行探讨：

1.学者更多的是从传统农业层面切入研究农户融资行为。绿色农业层面的研究有待于补充。绿色农业具有较强的正外部性特征，基于传统农业进行的农户融资行为影响因素分析对于从事绿色农业的农户并不完全适用。农户的环保意识、对绿色农业的认知以及国家对绿色农业的扶持政策等因素对参与绿色农业融资的农户都具有较大影响。因此，有必要从绿色农业视角入手，细化农户融资行为的研究，使研究更具有针对性和政策转化价值。

2.学者对于农户融资行为的研究多集中于农户的融资需求、融资额度、融资模式等方面，而缺乏对农户融资效果的研究。农户融资的目的在于提高农业生产效率、增加农业收入。农户融资的效果会直接反作用于农户融资行为的选择，影响到农户的融资决策。因此，有必要对农户融资效果进行深入研究，以更好地激发农户的融资需求，正确地选择融资的额度与模式更具有现实意义。

3.学者对于农户融资行为的研究多倾向于影响因素的探寻，而忽视了农户融资行为的动态特征。农户融资行为是一个动态变化的过程，每一个影响因素的变化都会对农户融资行为产生不同的影响。仿真模拟农户融资行为的动态过程，观测每一个影响因素变化对农户融资行为的影响程度，分析各因素对农户融资行为的影响效果，使研究更加细化、研究结果更加直观，使对策的提出更具有针对性。

基于此，在总结和借鉴众多学者研究的基础上，从绿色农业视角入手，以从事绿色农业的农户融资行为为研究对象，构建理论分析框架，并进行定性与定量分析，结合分析结果探索优化农户参与绿色农业融资行为的对策建议。在理论层面，尽可能弥补上述研究的不足，为学术界从绿色农业视角优化农户融资行为提供理论参考；在实践层面，为政府制定绿色农业发展战略及农村金融体制改革提供咨询服务。

1.4 研究目标和研究内容

1.4.1 研究目标

本书以农户参与绿色农业的融资行为作为研究对象，运用多学科知识体系，其中包括行为学、金融学、比较学及行为金融学等，并借助实证分析法分析及比较农户参与绿色农业融资行为情况，旨在达到以下目的：

1. 通过对样本地区绿色农业中不同特征农户在融资需求方面所存在的差异性进行分析，对现阶段农户参与绿色农业融资在需求上体现出来的总体特征以及相应的差异性进行了解，发现并解决现阶段农村金融供给中存在的主要问题，为促使农村金融服务质量的提升以及对农户融资行为进行规范提供一定的借鉴及参考作用。

2. 通过借助 Probit、Multinomial Logistic 型等计量经济模型，探究从事绿色农业生产农户在融资需求上所存在的差异，立足于实证分析这个视角，便于对农户参与绿色农业融资行为进行优化提供相应的支持。

3. 分析不同模式的融资与农户的投资行为、销售渠道选择等行为选择之间的关系，识别不同融资模式对农户经营行为选择的影响效果；评估不同模式的融资对农户收入方面的影响。

4. 通过对农户选择参与绿色农业的融资行为仿真模拟，明晰各影响因素之间的关系，以及各因素变动时农户参与绿色农业的融资行为动态波动过程，分析各因素变化对农户参与绿色农业的融资行为的影响程度。

5. 目前，农户参与绿色农业的融资行为不仅具有共性问题，同时还具有个性问题，结合该问题对如何以农户融资需求为导向进行探讨，可以促使农村金融实现创新，推动绿色农业发展，为农村金融供需矛盾的突破提供借鉴。

1.4.2 研究内容

本书在理论回顾与核心概念辨识的基础上，利用微观调研数据，对农户参与绿色农业融资的行为选择、影响因素及参与效果进行研究，并提出了优化农户参与绿色农业融资行为的政策建议。本书共分为七章，前三章主要介绍研究的问题、相关文献、基本概念的界定以及本研究的分析框架，而实证分析主要集中于四至六章，最后一章对全文进行了总结，提出了优化农户参与绿色农业融资行为的对策建议。具体结构安排如下：

第一章：绪论，本章在提出本研究的问题的基础上，介绍了本研究的研究背景、研究意义、研究目标以及本书的结构安排、研究方法和技术路线，在回顾国内外农户行为的研究、农户融资行为、绿色农业相关研究现状的基础上提出了本书的切入点。

第二章：相关概念界定和理论基础。根据本书的研究目标，首先讨论了农户、农户行为、绿色农业、农户融资行为、经济主体参与绿色农业的融资模式等概念，之后对农户参与绿色农业融资行为理论进行回顾分析、归纳整理，为本书的研究打下了理论基础。

第三章：分析框架。在相关文献综述分析的基础上，本研究试图从农户追求收入效用最大化出发，基于行为科学决策理论、成本收益理论、风险收益理论和行为激励理论从经济学和行为学的视角对农户参与绿色农业融资行为的认知、态度、动机和决策加以分析，从户主特征、农户家庭特征、生产因素特征、政策环境特征、市场环境特征、金融环境特征等方面构建农户参与绿色农业融资行为的内外部影响因素体系，以行为经济学及金融学的相关知识为理论依据详细阐述本研究的分析框架。

第四章：数据来源及基本情况，主要包括介绍本研究的调查方式及调查内容，并在此基础上分析了样本地区以及样本农户的基本情况和基本特征，尤其是分析了样本农户的户主特征、家庭特征、经营特征以及融资环境的基本情况，为后面章节的实证分析做铺垫。

第五章：农户参与绿色农业融资行为影响因素的实证分析。本章在对农户参与绿色农业融资需求、融资额度、融资模式的影响因素进行理论分析与假设的基础上，通过 Logistic 模型、Ordered Probit 模型、Multinomial Logistic 模型验证，找出了影响农户参与绿色农业融资需求、融资额度、融资模式的影响因素；在采用"倾向得分匹配"方法（PSM）对农户采用不同融资模式的经营效果进行研究的基础上，分别使用核匹配、相邻匹配和半径匹配获得 ATT 值，以解决连续变量无法实现激励组和控制组样本之间的匹配问题，从而估计出对应的平均激励效果，为优化绿色农业中的农户融资行为奠定实证基础。

第六章：农户参与绿色农业融资行为影响因素的仿真模拟。运用仿真实验的方法对实证分析进行仿真模拟检验，观测每一个影响因素变化对农户融资行为的影响程度，分析各因素对农户融资行为的影响效果，为提出对策建议提供依据。

第七章：结合农户参与绿色农业融资需求及本书研究结果，提出了优化农户参与绿色农业融资行为的对策建议——提高农户综合素质、推动农户适度规模经营、加大扶持绿色农业生产力度、积极开拓绿色农产品市场、加大绿色农业政策性金融支持、推进绿色农业价值链融资发展、扶持互联网 P2P 融资对农业务、推动农民互助合作金融发展。

1.5 研究方法

本书运用多门学科交叉知识，其中包括行为学、经济学、金融学以及行为经济学等，在此基础上探究农户参与绿色农业融资行为所存在的问题。具体分析方法如下：

1. 一般统计法。本书在对指标进行一般统计描述及分析时，采用的是均数、百分比及标准差等指标进行分析。

2. 模型分析法。本书利用 Probit、Ordered Probit、Multinomial Logistic 等多种计量模型，来对农户参与绿色农业融资行为进行研究分析：

Logistic 模型：在第六章中，通过 Logistic 模型验证找出了农户参与绿色农业融资需求的影响因素。

Ordered Probit 模型：在第六章中，通过 Ordered Probit 模型验证找出了农户参与绿色农业融资额度的影响因素。

Multinomial Logistic 模型：在第六章中，通过 Multinomial Logistic 模型验证找出了农户参与绿色农业融资模式选择的影响因素。

"倾向得分匹配"方法（PSM）：第六章在采用"倾向得分匹配"方法（PSM）对农户采用不同融资模式的经营效果进行研究的基础上，分别使用核匹配、相邻匹配和半径匹配法获得了 ATT 值，以解决连续变量无法实现激励组和控制组样本之间的匹配问题。

3. 仿真实验法。第七章采用仿真实验的方法对第六章农户参与绿色农业融资行为的实证分析进行仿真检验，模拟农户的户主因素、家庭因素、生产经营因素及环境因素等影响因素在农户参与绿色农业是否融资的过程中发挥的作用。检验结果与第六章的实证分析结果相符，证明了农户绿色农产品的销售方式、农户所在地距离金融机构时间、农户对待风险的态度、环保意识、家庭人力资本、绿色生产信心指数、土地规模、受教育水平等指标对农户参与绿色农业融资行为影响显著。

1.6 技术路线

基于以上研究目标与研究内容的需要，本研究按照以下技术路线进行相应的研究，具体如图 1-1 所示。

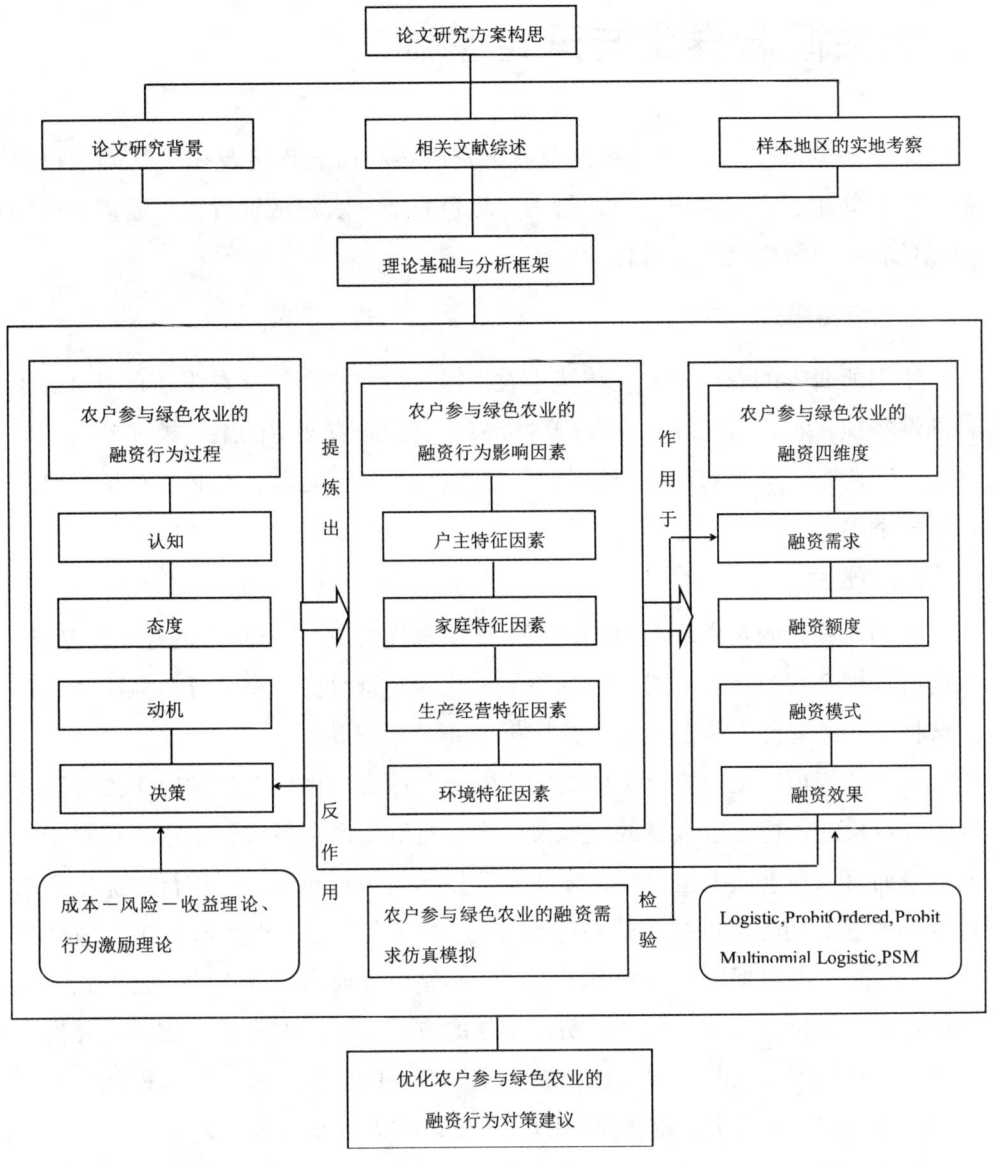

图 1-1 本文结构图

2. 相关概念界定与理论基础

本章主要涉及农户参与绿色农业融资的核心概念界定及相关基础理论综析，特别关注了现代农户、农户行为、绿色农业、农户融资行为、经济主体参与绿色农业的融资模式等概念。

2.1 相关概念界定

本书所研究的农户并非是传统小农，绿色农业较之传统农业具有明显的正外部性特征，农户参与绿色农业的融资模式与传统农业中的融资模式也有本质区别，因此，在进行农户参与绿色农业融资行为研究之前，有必要对核心概念进行一下界定。

2.1.1 农户

本书所研究的农户是"现代农户"，所谓现代农户，是指以家庭经营为基础，以适度规模经营为经营方式，以利益最大化为经营目标，充分分析风险与收益后选择生产经营行为的农业生产者[104]。其基本特征为：

1. 经营规模适度。相对于传统的小农经营而言，现代农户倾向于推行适度规模经营模式，把一定数量的土地及生产工具等生产资料进行集中，且对于他们自身而言，在素质上也较高，知晓农业技术的一般原理，在进行农业生产的过程中能够利用先进的技术进行生产[105]。而在实践中，现代农户进行适度规模经营，则可以根据以下两种方式：第一种是小规模内涵式集约经营方式。它是指对家庭承包经营的土地进行精耕细作的方式，使用先进的生物技术并投入较多的劳动积累，在此基础上扩大农业整体产业的经营规模。第二种是外延式集约经营方式。事实上，这种类型的农户可以称为企业式农业大户。

②生产的专业化和社会化。现代农户进行农业生产的专业化主要表现在两个方面：其中的一方面是农业生产环节的专业化，另一方面则是农产品生产的专业化[106]。对于我国现代农户专业化生产而言，其产品主要表现为：专业生

产的优势较为明显、与市场需求相符合、有较高的经济效益。这种农产品的生产一般与农户所在地区农产品专业生产相同，是所在区域农业生产体系非常重要的组成部分。与传统小农生产经营相比，其不同还表现在生产经营方式的社会化上，不再局限于小农封闭的及自我循环的生产方式，而是与社会化生产紧密联系，从农业生产资料的生产与供应，到农业生产过程各环节中的各项服务，再到农产品的加工环节、储藏环节、运输环节及销售等环节，都与专门的机构组织保持联系[107]。

3. 交易的市场化。对于现代农户经济行为而言，其另一个显著特征即为交易的市场化。交易市场化，是农户的经济活动由原始的自己自足方式转向市场交易的方式。一方面，是农产品及生产资料所存在的市场交易需要；另一方面，现代农户的生产经营决策以市场为导向，且以市场需求作为依据，并随着市场供求关系的变化而及时对生产决策和产品结构进行调整。

2.1.2 农户行为

农民这个身份的产生始于人类的早期阶段。在该阶段，人类的群体性劳动开始进行分离，有的专门从事种植业，以便能够满足基本的生活需要。进入原始社会的后期阶段之后，人类经过不断进行实践，且在该过程中发现并非只有依靠狩猎才能维持生计，事实上，通过种植粟米这种方式也能维持基本的生活，并能使得生活更为安定。而依托于种植业，使得社会获得一次重大发展，相应的文明化程度也可获得推进，使得人类首个文明即农业文明得以出现。人类在学会进行农业生产之后，定居在一个地方的时间较长，不需要经常进行移动，使得人类的社会化进程得得完成。从某种层面上来说，农业的出现及发展使得人类实现了社会化，而在该时期的社会中，其在构成成员上以农民为主。当然，在当时的社会条件下，以该组织形式进行存在更多的是一种生存方面的需要，是相互之间进行依赖的一种结果。在人类群体之中，当进化论这个理论获得充分体现时，则意味着人类在生物界所具有的优势是其他类型的物种所不能比的。简单来说，就是人类在生物界中扮演了主导性地位角色之后，脑力劳动逐渐成为体力劳动的替代者。而在这一过程中，部分人不再选择从事农业生产活动，并因此使得劳动类型逐渐细化，与之相应的产品类型也获得分化，为人类进行产品交换提供了可能，并产生出相应的经济行为。

在出现分工之后，农民进行生产的目的也获得了分化，使得生存必然逐渐向生活需要进行转变。从表面上来说，这只是一种简单的转变，事实上，这也是经济行为获得产生的一个过程。具体来说，就是从事种植业生产的人基于外部环境方面的限制原因而成为农民。农民在从事农业劳动时，其所生产出来的这些产品除了满足本身生存消费需要这部分之外，其他行为则均具有经济性质的属性特点。历史在不断发展，尽管中国的社会性质等也在不断更新中，不过需要注意的是，农业作为国家的根本从来就没有动摇过。基于此，对农民经济行为所进行的解释实际上也就是对国家发展方面所进行的解释。

在对农民经济行为所具有的特点及逻辑方法进行探究时，我们尝试从农民自身的角度进行研究，事实上，该角度也是文化影响下的一种意识形态。而只有立足于这个角度去探究世界各个国家及地区的农民经济行为及其相关问题，才能更揭示其真实性，对农民的发展起到推进性作用。

综上所述，所谓的农民经济行为，指的是农民基于获利欲望的驱使，为了提升自身的生活质量等而进行的一种选择性活动。

2.1.3 绿色农业

绿色农业属于农业发展的模式范畴之内，为此，其也具有农业的一般产业特征，也就是说，农业所具有的一般特征即基础性、弱质性、复合系统性、功能多样性及区域性等，绿色农业均也具备。当然，绿色农业作为一种新型农业形式，其相对于传统农业而言，除了具有农业的一般特征之外，还具有自身的产业特点。

1. 持续性。关于持续性方面，也就是人类自身在发展的过程中和农业生态生产能力之间体现出来的一种协调，即：其一，关于生态方面的可持续；其二，关于技术方面的可持续；其三，关于经济方面的可持续；其四，关于社会方面的可持续。其中生态的持续性主要建立在可更新资源之上。而在技术的持续性上，则依托于现代科学技术并在该基础上实现可持续。再者，就经济方面的可持续，则为绿色农业强调的是各行业之间的这种协调发展，使得在经济层面上实现了连续性发展。最后，在社会持续性方面，绿色农业倡导的是绿色生产与绿色消费，不是对自然的驯化，而是结合自然的特点进行合理开发，同时，还更关注食品安全，在整个环节中贯彻"以人为本"，这对于人的全面发展非常有利。

2. 集约性。集约经营一般可以细分，即：一是劳动集约，二是资本集约，三是技术集约。首先，在劳动集约方面，绿色农业强调提升农业劳动力的利用率；其次，体现在资本集约方面，简单来说则是促使资本流向农业产业；第三体现在技术集约方面，绿色农业通过劳动力方面、资本方面和技术方面的改进，使得各类土地资源的增产潜力获得了充分体现。

3. 高效性。也就是追求农产品实现优质性、高产性、生态性及安全性，在此基础上通过建立市场准入制度，促使农业的综合经济效益实现最大化。首先，在经济效益方面，相对而言，绿色农产品的价格较高。根据调查可知，获得绿色食品标志的食品，其价格能够提升20%左右。其次，在社会效益方面，能实现人与自然之间的协调及统一，并在这一过程中注重对人们的消费需求进行适当的引导。从实践所进行的相关统计数据显示，开发绿色农业有助于促使农民获得增收。以近几年为例，在黑龙江省，就是依靠发展绿色食品产业，使得农民及当地财政获得了较大幅度的增收。

4. 标准化。绿色农业本身就注重强调高标准，以便确保产品质量获得保障，为此，该行业在发展过程中推行的是标准化全程控制模式。所有的绿色农产品均使用的是绿色标志认证，且应做到统一使用。而农产品实施标准化之后，对于提升产品形象以及价格方面具有明显的益处，最终可使得产品的竞争力实现较大幅度的提升。

在绿色农业生产经营方面，其主体为绿色农产品。该农业类型不同于其他类型农产品，其具有非常独特的特点，具体如下：

（1）质量方面。其质量特性主要包括营养成分、味道、外观、安全、便利等除一般农产品数量、品种结构、价格以外的许多其他属性，而且在不同场合可以用来代表不同的农产品。相比于其他农产品，绿色农产品除具备共有的基本特征之外，还包括安全、生态以及优质等特性。绿色农产品生产、消费过程中产生的废弃物和污染物最小，对环境的污染极少或减少到最低限度，消费过程中不会给他人和社会带来健康问题，可以理解为是耐用消费品，而绿色农产品的消费对个人效用来说是一种长期的健康投资；绿色农产品优质特征的含义是从广义角度而言的，包含了上述的绿色农产品的生态、安全特性以及其他较高的质量特性标准，比如：其质量标准能够满足发达国家规定的卫生安全标准，这些优质特性的关键之处在于影响消费者的购买意愿和企业的生产成本。

（2）质量信息方面。存在严重的信息不对称现象。事实上，质量信息特征是建立在质量特征的基础上的，某一产品要想获得市场认可、真正应用于实际生活中，就必须先让消费者了解其特性，不被了解的产品是很难进入市场，并赢得消费者的认可的。农产品的质量特征很多是隐性的，如安全、生态、健康等特质，这就需要信誉和客观评价来证明，并防止企业的投机行为。因此，农产品给出信息标识信号的能力具有极大的重要性，有时甚至超过了其他品质方面的作用。对于消费者来说，往往是凭借自身所具备的常识和经验来评判普通产品的质量，相比之下，绿色产品的品质就必须进行认证。换句话说，就是绿色产品属于具有质量认证标志的产品。

依据消费者掌握信息的程度将农产品质量划分为三类，分别如下：观察型特征。其主要包括农产品的外观特征、新鲜程度等等。对于农产品而言，该类特征属于基础外部特征，仅凭借常识就可以对其进行判断，但在很大程度上也直接决定了消费者是否购买。体验型特征。顾名思义，只有在经过尝试体验之后才能准确了解产品的质量，其中主要包括味道、卫生以及是否有害物质等。而这些特征往往都是在消费者使用产品之后才能获得，有些甚至需要经过很多次的体验才可了解。基于消费者角度，这类型特征属于可以掌握的特征，但在影响消费者购买决策方面具有一定滞后性，换句话说，就是在使用之后才能对市场竞争力产生影响。信任型特征。有些时候消费者购买农产品仅仅是凭借信任而做出的决定，因为针对其中的某些信息，即使是已经购买也无法对其做出准确的判定。常见的有产品是否符合环保要求、是否属于转基因产品等，一旦产品得到了消费者的认可，就可获得相应的"信任租"价格加成。消费者的信任通常是建立在销售方信用、承诺，又或者是有第三方担保等基础之上。

质量信息不对称现象完全是因为后两类质量特征的存在而产生的，不完全信息会带来市场的失灵。从某种角度来看，这两类信息是可以获知的，但若真正对产品展开调查则给政府和消费者带来压力。也就是说，生产者故意降低质量的战略短时间并不直接体现在市场绩效中。所以，尽管消费者非常重视所有产品的安全性等隐藏性特征，但是又不可能仅仅依靠肉眼观察得到准确的结论。而生产者不管是针对体验型还是信任型质量特征时，潜在意识中都会主动降低质量来追求眼前的暴利。假如市场本身不具备良好的信息渠道，更没有完善的监督体系，就很难制止企业的投机取巧行为，很难遏制恶性价格竞争，导致市场出现混乱，直接导致非常严重的不良后果，甚至演变为"柠檬市场"。同样，对新产品的消费具有不完全信息的特点，绿色农产品的出现与兴起很好地取代了传统的农作物，实现了消费升级。对于绝大多数消费者而言，其属于新产品范畴。"绿色""农产品""新产品"等多重因素的迭加造成了对绿色农产品更加严重的信息不对称，会带来更加严重的市场失灵。这也是目前农产品质量安全问题突出的根本原因之所在。绿色农产品质量的信息不对称还使消费者难以认知或者根本没有能力辨别绿色农产品与普通农产品间的差异，也就是说消费者本身不具备感知相关价值的能力，即便是感知到了相关价值，但是与真实的价值间仍然有较大差距，这也使得消费者有较高的绿色消费意愿但缺乏绿色消费的行为。

（3）具有品牌优势。大多数绿色农产品都是由农业产业化企业生产的优质产品，具有很强的品牌优势。这里的品牌含义是整体品牌，包括产业品牌和产品品牌，即包括第三方的证明标志：绿色标志和企业的产品品牌。绿色农产品标志本质上是一种证明，也是所谓的产业品牌，其中比较典型的是"三品"代表，即无公害农产品、绿色食品、有机食品，可简单理解为农业产业或者农户为生产产品所打造的品牌。根据信息经济学理论，品牌与标识至少有着信号显示的作用。随着经济和人民生活水平的提高，人们对日常饮食提出了更高要求，希望可以有效降低"餐桌污染"。正因为存在这样的需求，才迫使农产品加工企业不得不认真对待每一个生产环节，确保产品是安全无害的，也正是这种需求迫使企业承担起主动治理"餐桌污染"的责任，自觉遵守优胜劣汰的竞争规则。农产品品牌已经成为企业不可忽视的问题，这也意味着企业在实际生产过程中必须要严格遵照国家规定的标准进行生产。而品牌策略也自然而然成为每个企业都要遵循的策略，为农产品品牌的打造奠定了基础，让更多的人认识和了解品牌，其中蕴含的市场潜力巨大。

（4）生产和消费的正外部性。如果某一行为主体所采取的行动会对其他主体福利产生影响，那么就将这种现象称作前者对后者有外部性[108]。这种外部影响直接发生作用，而不是在以价格为基础的市场交换时产生。个体的边际成本、边际收益与社会的边际成本、边际收益不对等，这就是外部性的实质。当个人边际成本大于社会边际成本，或者个人的边际收益小于社会的边际收益时，就会产生正外部性。反之，则为负外部性。经济活动的主体可以是消费者也可以是生产者，相应的外部经济就有生产者外部经济和消费者外部经济两种。这种划分必然会导致市场失灵，资源配置已不再是帕累托的最优状态，"看不见的手"在外部影响面前失去了作用[109]。一般而言，在存在外部经济的情况下，私人活动的水平常常要低于社会所要求的最优水平。

绿色农业的正外部性表现为：第一，节约资源；第二，环境友好；第三，造福他人与后代。绿色农业由于具有正外部性的生产特征，对社会与他人具有有利影响，增加了社会公共利益，而生产者却无法得到较为显著的补偿或收获，在消费绿色产品时，消费者收获的私人经济利益要小于社会利益[110]。由于生产者与消费者都是市场经济的组成部分，考虑更多的是收获的当前利益。所以，需要政策引导绿色生产，倡导绿色消费[111]。

（5）市场需求和供给弹性特征。对同一种类农产品来说，绿色与非绿色农产品之间的效用差异远未被消费者认识，消费者对绿色农产品的偏好还未明显形成，因此，两者之间存在着较高的替代关系。绿色农产品相对普通农产品来说，与收入水平有一定关系，在短期内，产品对应的需求价格弹性偏大；而在长期内，价格弹性较小，但品种之间的差别较大。必需的食物（如粮食）就要比一般的农产品弹性小得多，人们对水果和新鲜蔬菜的需求相对来说富于弹性。加工程度对产品的需求弹性也有较大影响，一般来说，食品农产品的加工程度越深，其需求弹性也就越大[112]。

绿色农产品需求的收入弹性较大。从短期角度来看，由于消费观念、水平以及成本等的不同，致使绿色农产品的价格要普遍高于普通农产品，消费者对绿色效用的认识还不够，大部分细分市场的消费者认为绿色农产品在一定程度上还属于一种价格偏高的奢侈品，而普通农产品则是必需品。从长期来看，根据收入−消费关系可看出，消费水平的不断提高必然会使得低档次产品的需求量大幅度下降，相反对正常品的需求将越来越高。换句话说，即收入的不断增加促使绿色产品发展成为正常品而取代原来的普通农产品，而且这一趋势也是必然存在的[113]。

绿色农产品的供给弹性类似于普通农产品的供给弹性。在一定时期内，因为农产品的生产周期较长，一般其供给弹性较小。在绿色农业的成长发展期，因为绿色农产品的生产需要一个过渡期、转换期（如有机食品需要三年转换期），因此其供给弹性比普通农产品要更小。

2.1.4 农户的融资行为

融资最传统的意义是"筹集资金",等同于筹资,是一切经营活动的前提。《新帕尔格雷夫经济学大辞典》认为,融资是指为支付超过现金的购货款而采取的货币交易手段或为取得资产而集资所采取的货币手段[114]。国内对其的观点有两种:它是指货币资金的持有者和需求者之间直接或间接地进行资金融通的活动,即资金融通和储蓄的投资转化。农户融资是农户借助一定渠道,采取一定方式,取得生产经营所需资金的过程。

农业本身就具有风险性大、投资周期长、收益率不稳定等特征,绿色农业的上述特征更加突出,需要更多的发展资金与先进的技术,只有这样才能实现健康稳定的发展。绿色农业属于资本密集型行业,仅仅依靠绿色农业本身几乎难以发展与循环。绿色农业对于资金的需求量较大,不仅仅要进行原材料、劳务、相关设施的建设与投资,也要积极寻找与更新生产技术,为其发展营造良好的环境氛围,形成健全的物流与销售服务体系,这直接导致绿色农业需要求大量资金。绿色农业投入资金收益时间长,由于时间因素很可能会产生以下两个重要后果:(1)时间拖得越久,对应的市场风险越大,并且风险成本也在逐渐增加;(2)资金流转次数直线下降,时间成本直线上升。不管出于什么考虑,农业都要求较好的回报率,但是由于收益的不稳定性,形成了难以解决的冲突,导致"高投入、高回报"体系要花费很长的时间才能实现,特殊情况下实现不了。并且,绿色农产品在物流方面的要求也高于传统农产品,绿色农业在运输、仓储、搬运等环节的资金投入往往要高于传统农业。这些原因都导致了绿色农业融资需求与传统农业相比更为强烈[115]。

从经济学的立场分析发现,绿色金融政策实际上就是借助政策与各种体制,在有效的解决市场价格制度下,绿色投资的外部性与污染投资的外部性不能被内生化的难题。绿色金融实际上就是可持续发展理念下的衍生物,属于最新的金融工具,指的是金融机构将环境保护视为基础政策与价值体系,实施融资项目时优先考虑环境影响与生态效益值,将生态环境有关的经济回报、风险等级与成本等视为银行发展的重要依据,将其贯彻到日常业务开展过程中,打造资源节约发展模式,优化资源配置,形成友好性经济发展模式,同时实现生态效益与经济效益。最近几年国内也开始重视环境保护,并且在"十一五"期间正式实施了绿色信贷、绿色证券以及绿色保险等金融制度,实践证明,这些制度具有良好的效果[116]。比如：绿色信贷。自从 2007 年开始，国家环保部门、银监会与中国人民银行制定并且落实《绿色信贷统计制度》《促进绿色信贷的国际经验：赤道原则及 IFC 绩效标准与指南》《关于进一步做好支持节能减排和淘汰落后产能金融服务工作的意见》《绿色信贷实施情况关键评价指标》《关于落实环保政策法规防范信贷风险的意见》《关于印发绿色信贷指引的通知》以及《关于印发绿色信贷指引的通知》等一系列文件与规范，在全国范围内切实推进绿色信贷制度，规定所有的金融机构要朝着该方向发展。所有的金融机构也积极主动地实施绿色信贷制度，使全国范围内绿色信贷规模稳定上升。来自银监会的最新数据显示，在 2014 年年底时，全国 21 家银行用于生态保护与服务贷款的余额为 4.16 亿元，在所有贷款中的占比达到 6.43%[117]。

由于有这两方面政策因素的存在，绿色农业比传统农业更具有融资优势，这也是发展绿色农业的动力之一。

2.1.5 经济主体参与绿色农业的融资模式及途径

已有的研究指出：农户、合作组织、企业以及各级政府全部可以成为绿色农业融资的主体，本书所研究的主体为农户，但实际上整个融资过程依赖于所有主体的协同处理，下面本书就各经济主体参与绿色农业融资的模式及途径进行一下具体分析。

（1）农户主体。本书结合对农户的实地调研，把农户从事绿色农业获得融资的模式按供给主体的不同分为农户自助模式、绿色农产品价值链参与主体互助模式、互联网 P2P 模式和绿色金融模式。

农户自助模式。农户自助模式即农户通过资金互助社融资、绿色生产农民专业合作社融资、村民互助融资等形式获得融资。

资金互助社融资模式。资金互助社是一个特殊的农村银行金融机构，这是建立在农村具备真正经济合作基础上的，当前农村存在的资金互助社类型主要有：一是地方政府牵头组织成立；二是以村为单位由多户农民自发组织成立；三是由村集体牵头组织成立，其基本目的都是以低利率的小额资金支持贫困农户生产。互助社资金来源分别为县政府扶贫办划拨的专项资金和村民自愿入股资金组成。互助社的成员借款数量必须要与其持股数量相当，社员借款仅仅只能在持股金额限制范围内，若想超过持股金额的借款，则需要不同社员之间的担保，这种借款形式与孟加拉农村地区银行相类似——不同社员个体只能在持股金额限制范围内进行借款。由于村民之间大多具有区域、血缘、亲属关系，个体之间相互了解，形成对称信息，不同社员之间的借款担保不需签订合同，社员的贷款也不用区分生活或是生产等目的。只要是小额的信用借款，互助社就能及时提供给予信贷帮助。但由于互助社资金规模有限、覆盖面不广，对农户的帮助也仅限于对社员的信贷。

绿色生产农民专业合作社融资模式。绿色生产农民专业合作社通过农户自愿入股或由农业发展银行获得的绿色农业政策性金融贷款为社员提供融资服务。这种融资模式是加入绿色生产农民专业合作社的成员经常选择的融资模式。

村民互助融资模式。中国农村在区域限制与网络社会限制的前提下形成了两种具有地方特色的融资方式：第一，由亲属血缘关系带动的人与人之间的信任而建立的人情融资；第二，由业缘关系建立的信誉关系，由此而产生一种非正式性的合约融资。不管是以亲属血缘关系建立的融资还是业缘关系建立的信誉融资，都具有安全可靠、风险共担、互惠互利等综合功能。农村融资资金一般来自于个人，由借款人、第三方、融资人三者构成，三方通过借款数量、时间、利率、还款期等方面的约定，立下字据并签名，借条由三方分别保管，如出现逾期不还款的情况则由第三方归还。可见，村民互助融资行为所涉及的是借款人、第三方与融资人三者的关系。由于人与人之间关系的存在与作用，因此农村也逐渐形成了一个类似于大家庭的生活组织，不同成员之间互助互爱、相互帮助，若有居民发生运营资金不足时，村民互助融资是农村社会主体间友爱互助的重要手段[118]。

绿色农产品价值链参与主体互助模式。绿色农产品价值链参与主体互助模式一般包括供应商融资模式、龙头企业融资模式、经销商融资模式。

供应商融资模式。这种融资方式是绿色农业生产资料供应商将所有有关的东西先赊销给农户，当绿色产品收获以后，按照合同的条款直接卖给供应商，而供应商按照农资成本与市场总体趋势等给出合理的收购价格，或者进行收购时，先要明确绿色农产品的价格，随后再向农户支付相关的贷款。这种融资模式起步于赊销绿色农资资料，最终实现抵扣，具体还款时依赖于实物进行还款，因此由于其数量变化或者产品本身价值降低而出现融资风险，可能会危害绿色农业的发展与完善。其运作原理见图2–1。

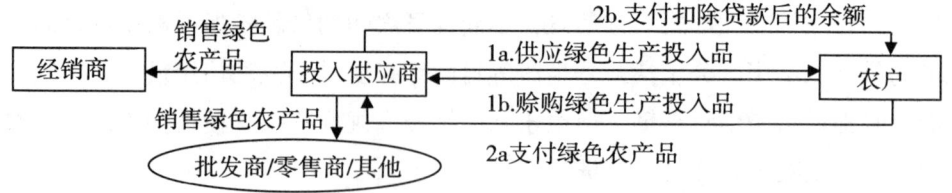

图 2-1 供应商模式的利益相关者和交易过程

龙头企业融资模式。在农业订单中,龙头企业占据主导地位,是订单农业的核心。在绿色农业中,龙头企业的融资方式是:龙头企业与农户签订协议,要求农户以绿色标准为基础来进行农业生产。龙头企业提供资金给农户,农户生产绿色产品。龙头企业还会提供绿色技术培训与支持给农户,这是为了农户能生产出符合绿色标准与要求的绿色农产品。流程如图 2-2。

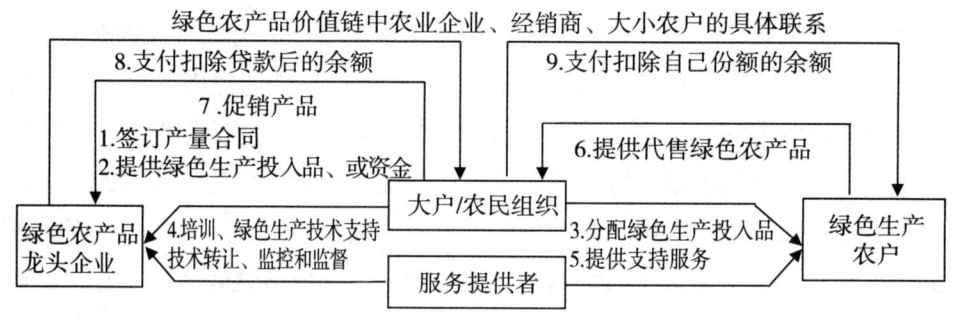

图 2-2 龙头企业模式的利益相关者和交易过程

龙头型企业不仅仅给绿色农业的发展提供足够的资金,也能够达到相关的配套需求,这有助于减少农户的生产风险与企业的经营风险。农户除了接受资金支持以外,还需要保证提供符合绿色标准的产品,实现绿色产品标准化发展。

经销商融资模式。经销商融资在绿色农业融资中是最常见的一种融资方式。在绿色农业中,销售绿色产品的经销商为农户购买绿色原料,或提供资金给农户购买绿色原料[119]。这有助于避免农户转变资金用途,因此受到了普遍欢迎。通过协议的签订,农户需要将绿色产品销售给经销商,获得的收入首先要归还贷款。农户也可在市场上通过自由贸易将绿色农产品出售给批发商或零售商

[120]，主要原理如图 2-3。

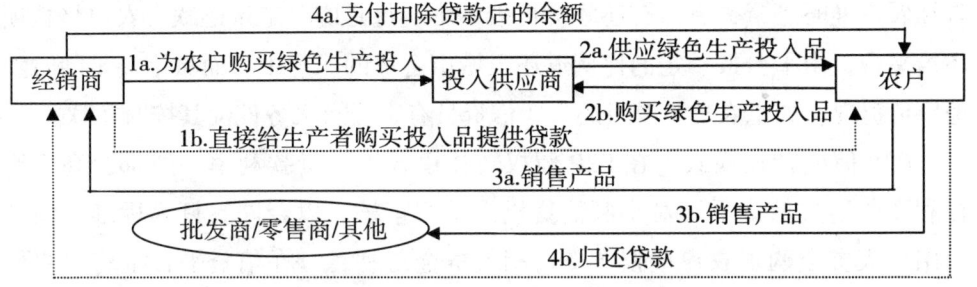

图 2-3 经销商模式的利益相关者和交易过程

互联网 P2P 模式。英国于 2005 建立 Personal to Personal，即 P2P 信贷，这是一种创新型的信贷模式。所谓 P2P 信贷，就是指拥有资金并有意愿投资，由金融机构牵头将这笔资金通过信用贷款的方式借给有需要借款的人[121]。如图 2-4 就是 P2P 的信贷流程。在中国农村，由于资金不足，因而 P2P 借款市场较大，众多 P2P 借款平台都将农民视为需求大客户。由于绿色农业是我国传统农业的发展趋势，相较于普通农户，绿色农户更容易获得信贷平台的青睐。目前，国内互联网 P2P 农户小额信贷一般分为直贷模式和债权转让模式。

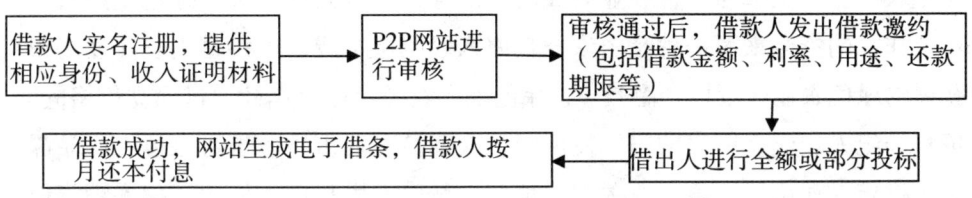

图 2-4 互联网 P2P 信贷模式流程图

P2P 直贷模式。在 P2P 直贷模式中，在信贷平台上由信贷专员上门实地调查农户的贷款需求，通过核实可保障信息正确无误。在平台上出借人为城市会员，可通过第三方平台向自己的资金账户充值，这是信贷平台在第三方平台上建立的账户，这就能实现自主借款、自足供款的目的。在借款到期未能及时还贷时，信贷平台会按照出款人选择的款项担保比例进行赔付。在完成借款时，贷款人需要向信贷平台支付相应的借款手续费。这一般就是信贷平台的收入来源,通常支付的管理费是借款金额的1%、劳动费是借款金额的2%[122]。在还款期限内,作为平台的信贷员应该定期定点到农户家里了解项目运作现状,并告知农户准时还贷,有借有还才会再借不难。每月应时定量还款,农户将款项还给平台,由平台按一定的比例返还至城市会员的账户中,而城市会员随时随地申请提现。如果农户不及时还款,信贷员有责任有义务催促其按时还款。

P2P债权转让模式。在P2P债权转让模式中,贷款利率一般都会高于银行利率。通过信贷平台对小额信贷机构进行审核,以合同签订为标准。借款人用个人资金购置农户债权,支付相关本金与利息。在信贷平台上将农户债权放置于平台出售,购买债权的人每年将获得2%的利润。若农户未能及时偿还,按照小额信贷机构与信贷平台签署的合同,将由小额信贷机构先向平台偿还。

(2)新型农村合作组织主体。绿色生产农民专业合作社。该组织是为解决绿色生产农户的小生产与千变万化的大市场之间的矛盾而产生的一种制度创新的组织模式,是绿色生产小农户进入大市场的中介组织。在农村家庭承包责任制的前提下建立专业农村合作社,由生产同类产品的企业经营者或提供同类产品的服务者在自主自愿的形式下成立的互帮互助性经济组织。而社员是专业农村合作社的主体服务对象,为服务对象提供购买绿色农业产品、销售与加工绿色农产品、从事与绿色农业有关的生产经营等方面的服务。绿色生产农民专业合作社的资金来源一种是由农户自愿入股资金组成,一种是由农业发展银行获得的绿色农业政策性金融贷款。绿色生产农民专业合作社通过建立价格同盟、培育经纪人、建立销售网络、发展绿色农产品专业市场、进行绿色农产品深加工等措施,在市场竞争中改善农民地位,帮助农民将市场扩大,扩展销售渠道并推动农民积极参与谈判。成立专业农村合作社是为了向社员从事绿色农业生产提供事前、事中与事后的帮助,例如提供绿色农业物资、绿色生产技术服务、绿色农副产品加工、绿色农副产品销售以及为社员提供融资服务等。

(3)企业主体。在绿色农业中,企业主体参与绿色农业融资的模式主要是绿色金融模式。绿色金融是为了落实政府绿色产业化发展的政策与推动区域经济的提高,在绿色农业发展领域内通过金融机构的资金支持推动绿色农业的发展,实现农业增收与农村社会经济的一体化,是一种特殊的金融形式。绿色金融服务的对象是"农业、农民、农村"。绿色金融支持可分为两种模式:一种是政府成立专门的农业政策性金融机构为绿色农业经营提供无息或低息贷款的政策性金融模式；一种是商业性金融机构提供经政府部门确定为绿色农业方向的政策性贷款，与政府一同合作引导商业银行的信贷分配，按一定的比例提供绿色农业信用贷款。

政策性金融模式。在政策上，支持绿色农业的金融发展的重点是：建立以农村银行为基础的政策信贷活动，与商业银行建立贴息贷款合作。金融政策信贷的主体就是投资绿色农业发展的基金、支持农业发展的保险等。下图 2-5 是主要支持绿色农业发展的政策与支持方法。

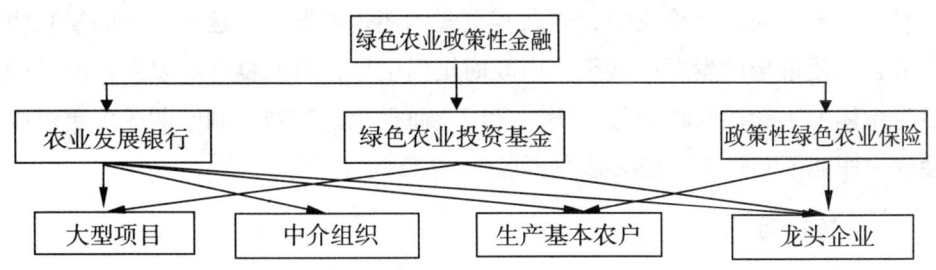

图 2-5 政策性金融模式及其适用主体

由图 2-5 可以看出，企业可以通过农业发展银行、绿色农业投资基金、政策性绿色农业保险等三种方式获得绿色农业融资。

绿色信贷模式。绿色信贷是一种新型的信贷模式，基本上包括两方面内容，一是这笔信贷资金为专项资金，主要用来发展绿色经济；二是这笔资金支持的对象是环保达标的企业或是项目。因此，开发出来的绿色信贷产品也主要服务于环保企业即节能减排企业，还有具备节能环保意识的消费者，从而更好地实现绿化配置资金，这同时也是商行设计产品的最终目的。

绿色金融模式。由图 2-5 可以看出，从事绿色农业的农户可通过农业发展银行和政策性绿色农业保险两种方式获得国家的绿色农业政策性金融支持，这种融资模式在绿色农业中很受广大农户青睐，由于其性质是国家政策扶持贷款，利率低于金融机构普通贷款，所以是从事绿色农业生产的农户融资首选。

（4）政府主体。我国自传统农业向绿色农业转化以来，宣传工作与具体落实工作更多地依靠政府完成。正是在政府的扶持与引导下，绿色农业才能得到健康快速的发展。对于绿色农业，政府属于推广与实施的主体，这点符合国内的实际情况。传统的农业沿用的是分散模式，只有少数几个地区实现了大规模性经营与管理，要想彻底改变农户的传统思维，政府必须做好相关的引导工作，带动绿色农业健康发展。除此之外，绿色农业直接关系到社会的稳定与和平，政府有责任与义务推进绿色农业健康发展，以市场为导向，制定合理的发展战略措施，尤其是现阶段我国恰好处于绿色农业的起步阶段，政府所扮演的角色更加重要。政府在落实绿色农业的过程中，不能仅仅关注政策引导与资金援助，也要深入探索不同区域的特征值，找到落实绿色农业的最佳位置与时机。但是实际落实过程中，只是单纯依靠政府的力量很难取得良好效果，很多情况下毫无科学依据，缺乏理论支撑，导致其更多的还是走形式，这种单一的模式明显不适合当代市场的发展，必须要由政府出面引导，营造良好的发展氛围，调动所有主体的主动性与积极性，协调发展，而理念的革新与制度的改革更可以促使政府职能不断转变，更多地发挥监督与管理的作用。

2.2 理论基础

通过对绿色农业经济理论、农户经济行为理论、信贷配给理论、交易费用理论等相关文献的梳理分析、归纳与整合，为本书农户参与绿色农业融资行为的研究奠定坚实的理论基础。

2.2.1 绿色农业经济理论

1. 绿色农业的可持续发展理论。实现可持续发展，需要在资源方面实现可持续利用，这是基础及关键之所在。发展绿色农业，实际上也是出于缓解环境压力、减少不可再生能源的消耗及环境污染等方面的需要，便于使生态环境能够获得恢复。绿色农业是人类得以实现可持续发展的基石。在发展绿色农业的过程中，以可持续发展作为其指导思想，是发展绿色农业的目标之所在。发展绿色农业需要确保经济及生态之间的协调发展，进而实现经济的可持续、社会的可持续以及环境的可持续。从指导思想这个层面上来说，绿色农业需要确保不危及到后代发展需要，在这、范围之内进行资源的合理利用，且在发展绿色农业的过程中，除了强调对资源进行利用及开发之外，还要注重对资源进行保护，把专业化、商品化及社会化集于一体，把发展生产力和"富农"整合为一体，这些指导思想与农村发展的要求相符合，也就是强调对农业与环境之间的关系进行重视,并通过对自然资源进行管理,达到有效保护自然资源的目的,同时还对技术及机制改革方向进行相应的调整。在可持续思想的引导下,可持续农业能够帮助农民选择优良的品种,采取土肥措施及排灌方式,使得生产及经营成本获得有效降低,进而使得农业产出收入获得提升,并能使农民的净收入得到提高。对于绿色农业而言,其是基本上不用人工合成的肥料、农药和畜禽饲料添加剂的生产体系。在该体系中,基本上只使用绿色废弃物及生物防治病虫害的方法来使得土壤具有相应的生产力和耕性。由此可见,在使用方法上,绿色农业与可持续农业较为相似,不过,两者在重点上还存在一定的差异性,其中绿色农业的重点是提出关于土壤生产力和耕性的问题。绿色农业的核心是土壤,尤为强调土壤的这种可扎根性、通透性以及土壤所具有的生命活力等,而这些也是作物吸收所需养分以及增强对病虫抵抗力的关键之所在。

2. 绿色农业的生态经济学理论。在生态经济学理论指导下的生态农业,为生态合理的现代化农业,相对于绿色农业而言,并没有特别强调不能使用常规农业技术,也就是对于农药及基因工程品种等,没有进行特意限制,不过,其所涉及的内容与范围与绿色农业相比则更广,其采取的生产模式对提高系统的整体生产力方面更为有利,且向生态农业产业化方向进行发展,这与我国的国情要求较为吻合。无疑,对于生态农业而言,其未来发展方向就是发展绿色农业。

而在绿色农业生态工程方面,则是绿色农业与生态经济学相结合。从绿色农业的层面上来说,其强调循环使用物质,尽可能地充分利用资源,积极开拓绿色食品市场,具有强烈的生态工程意识。关于绿色农业生态工程概念,可初步描述为:绿色农业生态工程根据生态学、生态经济学及工程学的原理,使用生态农业的技术成果和绿色农业的生产标准相结合的一种绿色农业模式。绿色农业生态工程在具体意义上包括两个层次的意义,具体为:一是绿色农业开发的过程;二是建设绿色生产基地。而其研究内容主要包括四个方面:

首先,关于基地总体规划与生产模式方面的研究。不容置疑的是,想要把绿色农业基地建设成为一个综合性的生态工程系统,需要进行相应的调查,了解基地环境的情况、经济的情况、社会的情况以及技术的情况等,并对这些方面进行综合分析、在此基础上,立足于绿色农业的生产标准,进行绿色农业基地工程体系的设计工作。此外,在具体的规划中,需要结合系统工程这个角度,对基地的建设步骤以及相应的经营操作模式进行设计,使得经济效益、生态效益与社会效益相结合。

其次,针对绿色农业生产技术方面的研究。绿色农业使用的是生态防治技术,并借助于健康栽培的措施来实现对病虫害的防治,对于各种生物的绿色废弃物则循环进行使用,而在培肥土壤方面则通过种植豆科绿肥来进行实现。基于此,关于绿色生产基地的多样化种植以及整个基地生态环境的设计,均强调的是使用生态防治技术。

第三,关于绿色农业推广方面的研究。绿色农业过去并不存在,而是属于一种新兴的可持续发展农业模式,其关注的内容较多,包括技术、市场方面的因素等。此外,还涉及到环境保护、道德标准、社会公正以及性别问题等方面的因素。为此,在对绿色农业推广进行研究时,需要注重对研究视角进行更新,也就是从新的视角进行相应的研究。

第四,针对绿色农业产业化经营方面的研究。当绿色农业生产通过了认证机构的认证之后,则其所生产的产品就能打上绿色认证标志,且之后就可以在市场上进行销售了。可以说,绿色产品具有特殊身份,也就是一种特殊的产品,如何把其引入到目标市场,并让目标消费者进行消费,进而促使其经济价值及经济效益获得体现,想要达到这个要求,实施产业化经营便成为了必然。同时,还要构建相应的绿色产品营销专门策略,这也是绿色农业生态工程所具有的特点,需要对这方面进行重点研究。在对农业生态工程进行描述上,可以用八个字进行高度概括,即体现为"整体、协调、循环、再生"。而在发展绿色农业生态工程的过程中,同样要以此为指导核心,同时,还要遵守与应用以下这12项原理:一是整体效应原理,二是边缘效应原理,三是互惠共生原理,四是相居而安原理,五是种群演替原理,六是自适应性原理,七是食物链原理,八是生态位原理,九是地域性原理,十是限制因子作用原理,十一是结构稳定原理,十二是效益协调原理。

3. 绿色农业的循环经济理论。绿色农业强化循环性,是向循环经济农业发展的一种模式,一是渐进式循环经济发展模式,二是跨越式循环经济发展模式。在发展中国生态农业的过程中,利用现代化科学技术与传统农业技术时应做到因地制宜,借助生态学和生态经济学的原理,促使地区资源优势获得充分发挥,结合经济发展的实际情况,遵循"整体、协调、循环、再生"的原则,动用系统工程方法对绿色农业生产进行全面规划及组织,对于中低产地区要进行综合治理，而对于高产地区则主要强化生态功能的发挥等，便于使得农业能够实现高产优质及持续发展，一方面，达到生态的良性循环发展，另一方面，则达到经济方面的良性循环发展，进而使得经济、生态以及社会方面三大效益实现统一。以绿色农业建设作为基础，以开发绿色食品为目的，以发展绿色产业为手段的这种跨越式循环经济发展模式，是目前提倡的一种新型农业方式。绿色产业实际上是生态产业链，具体由绿色农业、绿色农产品生产加工业、绿色农产品贸易与服务业以及绿色消费领域构成。绿色农业是在农业生产过程中遵循该规律，即生态学原理及生态经济规律，且不采用基因工程及不施用化肥农药等化学合成物质，并利用生态农业技术构建农业生态系统良性循环的农业。绿色农产品在进行加工的过程中，需要参照的是根据国际绿色农业生态要求及标准获得绿色产品认证机构的认证。从绿色农业的层面上来说，其在环境保护以及污染防治上相对而言较为彻底，而在理念上，发展绿色产业与循环经济则基本相同，可以进行跨越式发展循环经济。

本书是以绿色农业为切入点研究农户从事绿色农业的融资行为。绿色农业是绿色经济的重要内容和基础，其相较于传统农业有着本质区别。绿色农业经济理论是分析农户从事绿色农业经济行为的基础，因此，在研究农户参与绿色农业融资行为之前对绿色农业经济理论加以明晰，这对深入理解农户从事绿色农业的生产行为决策较为有利，进而为本书对农户从事绿色农业融资行为的研究提供相应的理论指导。

2.2.2 农户经济行为理论

农户的经济行为包含的内容涉及到了多个方面，其中就包括农户融资行为。早期进行研究的主要有两个学派，其中的一个学派是"道义小农"，另一个学派则是"理性小农"学派，而前苏联经济学家 A.恰亚诺夫则是"道义小农"的代表性人物，后者的代表人物为经济学家西奥多·威廉·舒尔茨（美），他们的理论对后世的影响深远。

以俄国著名农学家 A.恰亚诺夫（A.Chayanov）为代表的"组织"学派主张劳动消费均衡理论，指出了农户经济组织的属性，说明它等同于"家庭劳动农场"，从某种意义来讲，这种经济行为与资本主义经济的行为逻辑存在明显的差别。当达到了农业生产高度的自给自足之后，农户进行生产的目的则全部是为了满足家庭的消费需求，而不再是实现利润的最大化。A·恰亚诺夫在其研究成果即《农民经济组织》中就曾明确指出，小农农场实际上就是家庭劳动式的农场，而农民兼有双重身份，其中的一个身份是工人，另一个身份则是企业家。它们进行生产的目的仅仅是从自身的消费出发，而不是对利润的追求。他们不需要负担劳动力的成本，也没有对成本收益进行的核算，更没有对其进行一定的比较，小农的优化选择主要是均衡本身的消费与劳动的付出。所以，A.恰亚诺夫（A.Chayanov）总结出小农的行为是一种非理性行为，农民进行劳动的目的是满足家庭的消费支出，而没有在效益最大化原则的约束下改变自己的行为。因此，这一时期的小农经济有其特有的特点，而发展到今天的现代市场经济规律与小农经济不相符合，所以农户选择走"合作化道路"是当前进行传统农业改造的必由之路。K.波拉尼（K.Polanyi）运用资本主义经济学的理论对小农经济中农户的行为进行了相应研究，并大胆进行了批判，他认为，小农经济应把功利的理性主义控制在一定的范围之内，不能使其普遍化与世界化。资本主义经济学的模式不完全符合小农经济的运行，在分析时要着重考虑小农经济产生的背景和所处的社会关系，不能过于教条化地运用传统经济学理论[123]。

美国的经济学家西奥多·威廉·舒尔茨是"理性小农"学派早期代表性人物之一，《传统农业的改造》是他最具代表性的著作。他在书中提出了农户等于企业、农民等于企业家的观点[124]。一旦农户达到利润追求的目的而开展了创新性活动，有着良好的外部市场环境，那为农民与资本主义条件下的农场主，不管是对利润的追求，还是对产品价格上的反应都是相互适应的。从某种程度上来说，农户俨然成为了"资本主义企业"，而必须要满足拥有特定的资源和技术条件才能对多变的市场信息做出及时有效的反应[125]。因为农户的经济行为就是市场化行为，而实现利润最大化就是行为的目的。这也说明了理性农户能够迅速捕捉市场信息，遵循经济学的最优选择原则，从而实现低成本、高收益的投资。舒尔茨在这里指的是长期处于停滞状态的小农经济为传统农业，这是一种生产方式一直维持不变，而且是不断简单再生产的经济。舒尔茨在研究中还得出了这样的结论：在资本主义市场经济中，农户是企业单位，与资本家相比，农民一点也不逊色。所以，只有农民不断创新，实现利润最大化，才能真正意义上实现传统农业的改造。而波普金则发展了舒尔茨的理论，在此基础上对"农户经济行为"存在的"理性"范畴进一步给出了解读。在他看来，小农存在于市场领域以及政治社会活动过程中，小农是出于理性的投资，通过对短期利益的评估之后，为实现利润的最大化追求而进行的合理选择。而且指出了前面的理论对农户的理性行为理解是片面的，不仅是对利润最大化的追求——这是资本主义企业的行为，用其它来看待农户行为是不合理的。值得推崇的是，正是这个学派正式站在了研究农民行为的理性立场[126]。

美国的汉学家黄宗智在对华北的小农经济与社会变迁中的小农家庭与乡村发展进行深入分析后，在《华北的小农经济与社会变迁》一书中对小农经济做了进一步分析。它提出了小农经济的"半无产化"和"拐杖逻辑"[127]。前者主要是指出现农村的剩余劳动力无法进行转移，并且对小农经济无法割舍，其所造成的结果是他们成为不了真正意义上的"雇佣劳动者"。同时，通过"半无产化"的理论分析来看，黄宗智指出了土地对于农户的意义所在，一方面是他们得以生存的基础，而另一方面也是感情、文化等集于一身的寄托。这就是非常有名的"拐杖逻辑"。它指出，在小农收入的组成部分里，作为一种补充的非农收入，不可能将农业收入取而代之，哪怕非农收入已经大大超过农业收入，假如形象地进行比喻，把人的双腿看作是农业的收入，而拐杖是人的非农收入，只有出现腿走不动的情况，才会发挥拐杖的作用。因此，如果农民收入大大提高依赖的是非农收入，那么农民的流动资金大大增加，而此时农民进行融资的意愿将会大大降低。而相反，如果非农收入大幅度减少，农民的流动资金处于紧缺状态，这样就会大大增强农民的融资倾向，而此时农民进行的融资动机必须是消费性的[128]。"拐杖逻辑"指出了多数农户所进行的融资不是商业性质的贷款，而是因为农业收入存在缺陷，而为了正常的家庭运行而实施的救助性融资行为，一要通过政府的渠道进行融资，另外一方面也可以是自己的亲人和朋友。这也有力地证明了农村金融体系创建的出发点不是为了盈利，而是为三农发展提供资金方面的支持，这就是农户融资行为的性质。

本书的研究是以农户为对象，创建稳定的农村金融市场。农户是保障农村经济健康运行的最基本单位，同时也是生产经营活动的主要实施者，亦是积极开展农村投资以及进行合理的生产与消费等经济活动的行为主体。在对农户行为进行研究时，农户理论是其基础，为本书所进行的研究提供了理论层面上的指导。

2.2.3 信贷配给理论

1951年,Roosa等人最早开始了信贷配给理论的相关研究,并在当年提出了信用可获性理论,简单来讲就是资金长期处于一种供求失衡的状态。在这样的背景下,开始了对非均衡信贷配给理论的研究。而且随着研究的深入,美国也开始关注这一成果[129]。1960年后,学者们开始了更加深入的信贷配给问题的理论研究。特别是以Hodgman为代表性的学者们,对信贷配给产生的根源进行了深入探索,通过不同的角度分析确立了信贷配给的理论的微观基础[130]。直到上世纪70年代后,这种理论的发展速度加快,并开始逐渐走向成熟。在Jaffee and Russell(1976)和Stiglitz etal(1981)等人的研究下,信贷市场又引进了两大理论成果,分别是合约理论和不完全信息理论,这也是当前世界范围内最受欢迎的信贷配给理论。直到上世纪末,这种理论才发展成为成熟的经济学理论[131]。

在对信贷配给涵义进行解读时,可以从微观和宏观两个层面上进行界定。站在微观的角度来看,它包含两方面内容:第一方面是针对贷款的申请人,他们当中的部分人实现了贷款,而另外一部分人却无法享受到这种贷款,即使以更高的贷款利率进行换取;第二方面是指通过了贷款申请,但申请的额度只能限制为一部分。站在宏观的角度来看,在现行的利率条件下,信贷供给远远低于信贷需求。由于存在信息不对称问题,导致正规的金融机构经常会出现逆向选择,同时,还存在借款者方面的道德风险等。基于此,从正规的金融机构层面上来说,必然会实施相应的信贷约束措施。在信贷市场上,各种类型的借款者都会存在,对于融资的利息,无论支付的高低,都有可能得不到一部分贷款,但另外一些人却有可能因为利益关系很容易获得贷款,因此,这则是信息不对称所引发的系列问题。1981年,Stiglitz et al对信贷配给产生的逆向选择和道德风险给出的解释具体如下:

1.因逆向选择效应所产生的信贷配给。当在市场中借款者的数量非常大,而在贷款资金方面则只有投资这一项,银行在这方面所能获知的是资金的收益情况,而不清楚用于投资的资金风险分布,借款人十分清楚投资的风险。假设把借款者的收益分布函数设置为 $F(R,\theta)$,而在借款者收益的累积概率密度函数方面则设置为 $f(R,\theta)$,当 θ 值越大时,说明借款者所投资的项目风险就会越大。对于具有连续效用函数的风险厌恶的这些借款者,当其在选择项目 A_1 还是选择项目 A_2 的问题上选择的是 A_1,或者认为 A_1 和 A_2 之间并没有什么差异时,那么,相对于项目 A_2 来说,显然项目 A_1 更具有优势,可以用 $A1 \geq A2$ 来进行表示,这实际上就是二阶随机占优条件[132]。当项目的预期投资收益出现相等时,则存在下文的表达式:

$$\int_0^\infty Rf(R,\theta_1)dR = \int_0^\infty Rf(R,\theta_2)dR;$$

当 y>0 时,存在 $\int_0^\infty F(R,\theta_1)dR = \int_0^\infty F(R,\theta_2)dR, (\theta_1 > \theta_2)$。此时,借款者从投资项目中获得的利润表示为:$\pi(R,r) = \max[R-(1+r)B,-C]$;银行从提供给借款者的贷款中获得的利息收益表示为:$p(R,r) = \min[R+C, B(1+r)]$,在表达式中,R 代表的是收益,B 代表的是银行发放的贷款本金,C 代表的是抵押物的货币价值,r 代表的是银行的贷款利率。那么,借款者所投资的项目,其预期利润的计算公式为:

$$E\pi = \int_0^\infty \max[R-(1+r)B,-C]f(R,\theta)dR$$
$$= ER - B(1+r) + \int_0^{(1+r)B-C} F(R,\theta)dR \quad (2-1)$$

在表达式(2-1)中,表示借款者的预期收益;其中贷款者的本金和利息用 B(1+r) 来表示。当 $\theta_1 > \theta_2$ 时,$\int_0^y F(R,\theta_1)dR \geq \int_0^y F(R,\theta_2)dR$,$\theta$ 的取值越大,那么借款者进行投资项目的收益预估则呈大幅度增加之势。为此,当银行利率保持不变时,一旦出现临界 θ 值,将会导致借款者没有收益,也就是其投资项目的收益为零。那么,银行的收益则来源于贷款中获得的这些预期收益。

$$Ep = \int_0^\infty \min[R+C, B(1+r)]f(R,\theta)dR$$
$$B(1+r) - \int_0^{(1+r)B-C} F(R,\theta)dR \quad (2-2)$$

在表达式(2-2)中,当 $\theta_1 > \theta_2$ 时,$\int_0^y F(R,\theta_1)dR \geq \int_0^y F(R,\theta_2)dR$。

而在银行利率不变时，θ 取值越大，说明银行所获得的贷款预期收益空间就越小。如果银行利率出现大幅度上升时，相应的临界 θ 值就会有所变化。如果借款者的 θ 值小于此临界 θ 值，将会停止对银行的贷款申请，所以，主动向银行进行贷款申请的 θ 值都处于较高的范围。因此，出现这种情况将大大加大银行的贷款风险并降低银行所产生的该收益，即预期收益。基于此，如果信贷市场的借款者非常多，等待投资的项目在风险提示上也不同。如果银行的利率呈上升之势，那么将会使利润增加，因此，当它上升到某个临界值时，银行贷款的单位平均利润就会达到最大值，然而，当其继续上升，则贷款的单位平均利润就会出现大幅度下降，此时信贷配给现象的出现的主要原因是信息的不对称从而产生了逆向选择的效应[133]。

2. 由道德风险效应引发的信贷配给。在银行提高贷款利率之后，就会使得借款者的贷款成本压力出现提升。为此，借款者有可能设法对贷款用途进行调整，把它转向高风险、高利润的项目，这种行为的发生将严重损害银行的利益，但对此银行也无能为力，它既不可能对贷款人的行为时时观察，也不可能付出高昂的监督成本，道德风险也就会随之产生。所以，当借款者进行贷款的时候，银行有责任对借款者所具有的还款能力进行评估。借款者所投资项目的预期利润计算公式为：

$$E\pi = \int_0^\infty \max\left[R-(1+r)B,-C\right]f(R,\theta)dR$$
$$= ER - B(1+r) + \int_0^{(1+r)B-C} F(R,\theta)dR$$

（2-3）

对表达式（3）中等式两边同时求导可得：

$dE\pi / dr = -B\{1-F[B(1+r)-C,\theta]\}$ 当 θ 值越大时，$dE\pi / dr$ 对应的绝对值趋向更小值时，尽管银行贷款的利率在发生变化，但对借款者的投资收益来看，其影响也会越小。一旦银行的贷款利率变为 r 值时，并且假设对投资的两个项目在预期收益上是相同的，而通过对二阶随机的占优条件进行分析，可出借款者倾向于风险较低的投资项目。反之，贷款利率呈一定幅度上升时，在借款人方面，意味着其拟投项目所产生的利润会大幅度降低。不过，对于风险偏好高的这类投资项目，其预期利润前后没有多大变化，从而促使借款者改变投资的方向，倾向于风险较高的投资项目，从而直接影响到银行所承担高风险的贷款,因此,就会产生道德风险效应,并引发信贷配给现象[134]。

在本书中,立足于信贷配给这个理论,在这基础上对农户是否受到信贷的约束进行深入分析,并衡量农户承受信贷约束的程度,为分析绿色农业融资问题和农户的信贷约束情况提供了理论基础。

2.2.4 交易费用理论

罗纳德·科斯是世界上首次提出"交易费用"的人。在他看来,要准确获取市场的信息,以及进行谈判和遵守合约都要支付一定的费用就是交易费用,这被称之为"科斯定理"。它指出,一旦出现了交易的费用为零的情况,权利不管如何设置,资源都可以在市场交易过程中实现优化配置。在此基础上,"科斯第二定理"诞生了出来,意思是指当交易费用为正数时,制度形式的不同也将会实现资源的不同配置结果。在这里所说的交易费用,它通常是指事前和事后的交易费用。前者是指在契约的签订过程中,通过谈判的形式,从而确保双方在权利和义务方面支出的费用;而后者是指一旦契约签订完,由于契约本身产生的问题以及从开始改变条款到进一步退出契约所付出的代价即成本。此时的交易成本有多种表现形式,比如为了保持目的不变的交易关系支出的费用,以及由于之前谈判的交易事项存在失误,在变更时支出的费用,又或者是双方由于协议被取消支付的费用等等[135]。

交易费用以某种意义上来讲是一种机会成本。它是一种短缺性的资源,这是因为人们在交易时要理智地进行选择交易方式等,这样机会成本的出现就是顺理成章的事了。其次,不同的经济体间或多或少存在利益矛盾,这主要是因为它们之间存在不对称的知识和信息,交易费用就产生在其中,单独的一个经济主体绝对没有可能零成本地获取到其他经济体的信息,而且一定意义上的经济主体是具有有限性和理性的,但是因为各自的经验积累和知识的多少局限,导致了经济主体间的矛盾冲突不断,因此在这种冲突和调和的过程中产生了大量交易费用。再次,交易费用是无法避免的。伴随着社会分工的开展,无论是经验区别于知识,还是短缺的资源、自私自利主义的盛行,这些都满足了经济理性的存在。农户进行融资的对象有农户、金融机构以及政府,这些关系的建立都是以资金作为交易对象的行为,农户的融资行为目的表现在对准确信息的获得,信息搜索等产生的大量成本上[136]。

1937 年,Coase 的经济学著作《企业的性质》面世,这使他成为了世界上首次提出"交易成本"的经济学家。他指出，在市场经济活动中，经济学家只看到了价格机制在发挥积极的作用，但是低估了市场，忽视了在交易过程中产生的一切相关费用问题。正因如此，他指出了一切交易行为都伴随着成本的支出，这主要包括了事前、事中和事后各项成本。事前是指进行搜索信息和处理信息的成本，事中是指合同契约的订立以及商讨达成一致的成本；而事后主要指的是监督性的成本。在进行经济分析的过程中，交易成本被广泛运用，并在此基础上指出了降低企业的交易成本就是保证企业的存在价值，当出现了内部交易的成本小于外部市场交易的成本时，企业的存在边界就会产生，这也是 Coase 于 1937 年所提出的观点[137]。紧接着，1969 年的 Arrow 和 1985 年的 Riordan and Williamson 又提出了经济体系在运转时产生的代价即为交易成本。1931 年，康芒斯成为了世界上最早提出"交易"一词概念的学者，他将交易分为三种类型，一种是针对上级对下级进行命令传达和下级对上级的服从，这称之为管理上的交易；其次是人与人之间进行的平等交换，称之为买卖交易；而最后一种类型是侧重于政府对待个人关系的交易，称为限额交易。在 1937 年，Coase 对康芒斯所提出的"交易"概念表示认可[138]。之后的 Williamson 根据一定的标准重新划分了交易成本，包括交易的变化性、交易发生的频率和资产专用性等。在这当中的交易的变化性，它是指无法把握市场的风云变幻，随时都会发生市场条件的改变；资产的专用性是强调资金的专项投资和使用，不能作为他用，假设不设定它的固定用途，就会导致之前的支出付诸东流，因此它能够保障合约关系得以顺利进行；双方进行交易的次数，也就是交易的频率，交易频率有高也有低，如果交易频率较高，即使也会产生相应的成本，但高频率的交易也可以均摊成本[139]。在交易成本理论里有一种基本的假设，即市场上产生的交易双方，可认定其为有限理性的个体，而在交易过程中会产生机会主义行为，该理论是 Simon 在 1962 年提出来的。所以，面对农产品市场出现的种种问题，完全可以运用不同制度性质的措施来协调解决。

  本书通过交易成本理论分析了农户采用不同融资方式对融资成本及绿色农业投入的影响，为农户选择更能降低交易成本、提高收益的融资方式提供了理论依据。

2.3 本章小结

本章首先对文中涉及到的相关概念，如农户、农户行为、绿色农业、农户融资行为、经济主体参与绿色农业的融资模式加以界定，然后对农户参与绿色农业融资行为理论进行回顾分析、归纳整理，为本书的研究打下了理论基础。

3. 农户参与绿色农业融资的机理分析

基于大量的文献参阅和对农户实地调查数据的分析，我们可以肯定的是，广大农户对绿色农业表现出了很高兴趣，并积极参与到了绿色农业融资中。虽然不同地区的农户之间存在了很大差异，再加上时空等因素也会对农户参与绿色农业融资的深度和广度产生影响，可是我们如果将所有的农户都看作一个整体，那么通过分析农户的普遍行为，在这一基础上就能概括出农户的行为过程基本上遵循了"认知、态度、动机、行为"这一路径[140]，而且农户融资行为过程中的各个环节又受户主、农户家庭、生产特征和环境等多方因素的共同影响。同时，融资过程是一种以资金供给形式表现出来的资源配置过程，将有限的资金配置于农业生产，使得农户在自身利益最大化的过程中可以实现整个社会资源的优化配置和经济效率的提高。根据经济后果学说（zeff，1972），融资行为不仅是一种技术手段，不同融资行为将会产生不同的信息、导致不同的融资结构，导致不同的经济后果。农户融资过程中，由于融资需求、融资额度、融资模式的不同，导致融资效果也不同。农户的融资效果又会反作用于农户的融资决策，改变农户的融资行为。

因此，本研究直接切入农户参与绿色农业的微观行为，对农户参与绿色农业融资的认知、态度、动机、行为过程加以分析，寻找农户参与绿色农业生产中的融资需求、融资额度、融资模式、融资效果的影响因素。最后，基于以上分析进行实证检验和仿真模拟，最终确定了影响农户参与绿色农业融资行为的主要影响因素及影响程度。

3.1 农户参与绿色农业的融资行为过程分析

在现实生活中，社会个体、群体都在不断地形成或改变各种各样的态度，同时也在不断地体验到他人或其他群体的态度。态度对于我们而言不是一个陌生字眼，然而要对其下一个确切的定义却有些难。奥尔波特认为："态度是根据对个人的反应具有指导性和动力性的影响"[141]。洛希指出:"态度是一种具有结构和组织的认知体系"。克雷奇默尔等人则把态度定义为:"一种和人所处环境有关的动机、情绪、知觉和认识机构"[142]。见解尽管不完全一致,但他们都认为态度具有结构性或系统性。比较明确和全面的定义应为:态度是社会个体对于客观对象的一种心理倾向,这种倾向包括认知、情感判断、意向(意愿)三种要素,任何一种心理倾向如果在某种程度上包括了上述三种要素,都可以称为态度(刘宗粤,2003)[143]。认知是指个体经由意识活动对事物认识与理解的心理历程;情感是个体对于客观对象的内心体验,表现为个体在情感方面的情绪反应,即个体对某对象做好坏、肯定、否定的情绪判断;意向是指个体对于客观对象的预备反应,表现为个体在行为方面的倾向即个人对态度有所行动表现时的准备状态。在三种要素中,认知因素无疑是核心内容,个体的情感判断以及意向总是通过一定的认知而形成,但是特定的认知并不一定导致相关的情感和意向。至于态度与行为的关系,目前普遍认为态度在很大程度上影响甚至是决定了行为,行为往往是态度的外部表现,而行为往往又会通过反馈机制促进态度的演进(参见图3-1)。但是,也经常发现态度和行为之间并不完全处于对应的关系,其相关程度并不高。产生态度和行为不一致的原因,除了态度测定及调查等方法问题外,还可能是从态度到具体的行为之间的某些中介因素,主要包括个体心理、人格因素、社会环境因素。这三类因素往往共同起作用[144]。

综合上述分析可知,认知、判断、意向三种要素构成了态度;而态度与行为有着较强的相关性,这种相关性可能是一致性,也可能是非一致性。态度在很大程度上影响甚至是决定行为,行为往往是态度的外显状态表现,也就是说,态度在内外力的作用下往往会具体体现为一种行为举动(如图3-1)[145]。这一理论体系对于本研究的实地调查及结果分析具有重要的指导意义。

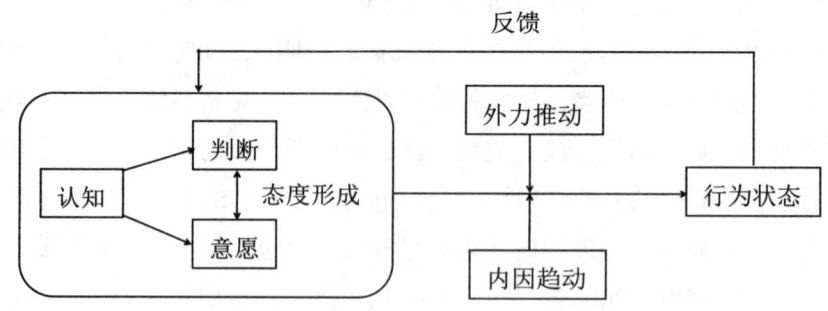

图 3-1 认知、判断、意向及行为状态关系

3.1.1 农户参与绿色农业的融资认知

认知是指外界输入的信息经过人脑加工处理之后，转换成内在的这种心理活动，进而对人的行为进行支配的一种心理过程[146]。认知内容是指主体对内部或外部的刺激后所赋予的相应含义，用于对这些刺激进行识别及阐释，同时，也指的是更加复杂的意义结构，也可以称为信念，通过其导向方面促使相应行为获得产生[147]。信念包括四种类型：一是目标信念，二是规则和规范信念，三是自我信念，四是一般信念。基于此，关于相应意义结构的信息，必定能产生可靠的行为预测。而信念簇的改变必定会导致行为方面发生改变，其是一个有序的过程，涉及到输入识别过程、输入阐释过程以及行为塑造或形成等[148]。

农户对绿色农业的认知如何，直接影响到了其对绿色农业发展的态度，并对农户发展绿色农业的积极性产生影响，最终对绿色农业的发展进程及实施的效果产生影响。为此，从这个层面上来说，推行绿色农业融资政策，需要使得参与农户能对这项政策进行了解，而只有农户对决策有了清晰的认知之后才有可能转化成绿色农业融资行动，才能推动绿色农业融资政策的顺利实施[149]。从总体上而言，我国农户对绿色农业融资的认知程度尽管有所提升，但是依然不高，并对绿色农业实现稳步发展产生了一定的影响。已有研究表明，当前我国农户对绿色农业的认知程度很低，有约为2/3左右的农户对绿色农业及其经济内涵并不了解，仅有1/3左右的农户做到对绿色农业有一定程度的了解，认同绝大部分农户，而对于什么是绿色农业、其内容是什么、其目标及要求方面的具体情况等则不了解。有这1/3的农户中，更是有大部分农户基本上不了解绿色农业融资，这必然会对其参与绿色农业建设的积极性产生影响，进而对农户发展主导作用产生一定程度的影响[150]。

因此，农户参与绿色农业融资认知的主要影响因素为农户对绿色农业的认知。

3.1.2 农户参与绿色农业的融资态度

尽管农户在具体的融资实践过程中表现出了千差万别的行为心理以及行为特征，可是我们在大量调查研究的基础上认真归纳，可以概括出其带有普遍性的行为特征。

在行为科学理论中，态度的形成过程即态度的获得过程。关于态度的形成，学术界存在三种不同的观点：第一，学习论关于态度的形成的解释是：态度是后天习得的结果，属于"习惯"的范畴，经模仿后可得[151]；第二，诱因论关于态度的形成的解释是：处于一定团体或者某一个体影响下的个体态度会受到引导而发生改变。任何一个个体的态度、观念以及价值观都不会在绝对独立的状态下形成，而是在"参考团体"的影响下逐渐形成的[152]；第三，认知一致性理论认为，人类在自身欲望的影响下会产生一致的认知结构，如果人的思想与行动没有体现一致性，人就会情绪紧张，人会做出一定的努力来减少紧张感，就会形成态度[153]。本研究提出的观点是，态度以认知为基础，以内外部诱因为驱动力，在学习中模仿而形成。

态度与行为之间的相关性极为密切，二者之间的关系可以概括为如下几种：当出现非常强烈而又极为明确的态度时，态度与行为之间具有较高的一致性；当态度十分明确，且不存在矛盾冲突的态度时，态度与行为之间也会有较高的一致性；当处于优势地位的动机十分强烈，且不存在冲突时，态度与行为之间的一致性高[154]；个体能力以及实现自我价值的愿望与行为及态度的一致性之间存在正相关性，前者越高，后者也越高；当外界舆论与个体自身的态度之间表现出不一致时，态度与行为之间的一致性就会受到很大影响；当个体表现某种态度时的付出比目标价值要高的时候，态度与行为之间就会表现出较低的一致性；当若干态度与某一种行为之间存在联系，或者若干行为与某一种态度存在联系，而且不同态度或行为之间又存在矛盾时，态度与行为之间会表现出较低的一致性[155]。

以上是关于态度和行为理论的阐述，该理论能够指导我们对农户参与绿色农业融资的心态和行为做出更准确的分析。如图 3-2，直观体现出农户参与绿色农业融资心态及行为演进方向。绿色农业生产包括试点期、大规模实施期和中后期三个时期。首先，在试点期，农户尚未对绿色生产形成准确认识，而且部分农户对政府表现出了怀疑的态度，因此大部分农户会对绿色生产存有观望心态，而一些目光长远且具有探索精神的农户才会参与到绿色生产的融资过程中。政府为了将绿色农业大规模推广下去，也会通过多种方法和手段吸引农户参与融资，利用这部分人的示范作用带动其他人参与。这一时期参与融资的农户可能是主动参与，也可能是被动参与，但即便是主动参与融资的农户，对融资的理性认识往往也是有限的。而等到绿色农业实施一段时间后，尤其是进入到大规模实施期之后，农户会看到绿色农业带来的利益，再加上政府的大力宣传，很多农户会以极高的热情参与融资、大部分参与融资的农户会以主动的态度参与融资。也有少部分农户出于一定原因而被动参与融资。参与融资的农户在绿色生产的中后期会更深切地体会到融资带来的利益或损失，他们会对预期收益与实际收益进行比较，也会重新反思自己参与融资的行为。由于不同农户因融资带来的利益或损失各不相同，因而他们的心态特征也存在明显差异，有的农户会因为融资带来的收益而产生满足的心理；有的农户会因为融资带来的损失而产生不满的心理；还有的农户会因为没有获得融资收益而产生懊恼的心理，也有农户因他人参与融资利益受到损失而暗自庆幸。正是由于农户的心理状态各不相同，表现出多元化的特征，因而一旦融资期结束，农户要么会继续保持融资、要么不再融资。事实上，农户心态演进的轨迹反映了农户的学习过程，农户需要较长一段时间才能获得正确的认知，而且外界条件会影响农户的分析结果。在内外部诱因的影响下，农户态度最终会表现为一定的行为选择[156]。

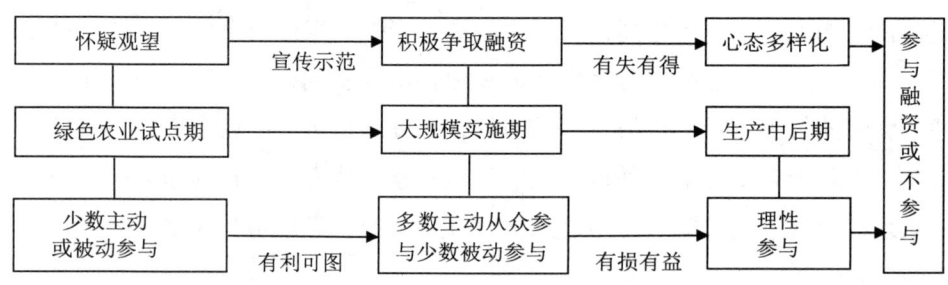

图 3-2 农户参与绿色农业融资心态 – 行为演进

因此，农户参与绿色农业融资态度的主要影响因素为：农户对绿色农业生产的预期、政府的鼓励政策。

3.1.3 农户参与绿色农业的融资动机

行为科学是一种专门研究处于自然环境和社会环境下人的行为的科学，主要采用实验法和观察法对人的行为展开研究。行为科学不仅从欲望、动机、需要等角度对人的行为规律展开研究，而且还研究个体之间的关系以及个体与集体之间的关系，更重要的是，行为科学会根据人的行为规律来预测人的行为，并对人的某些行为进行控制，以便更好地实现目标。行为科学的研究主要体现在四个方面，分别为个体行为、群体行为、领导行为以及组织行为[157]。本研究主要针对个体行为与群体行为进行分析。在行为科学中，人的行为受制于动机，动机源于人的需要，因而任何人的行为都具有一定的动机，都是为了实现某种目标。一旦人实现了目标、人的需求得到了满足，就会出现新的需要和新的动机，如此循环（参见图3-3）。

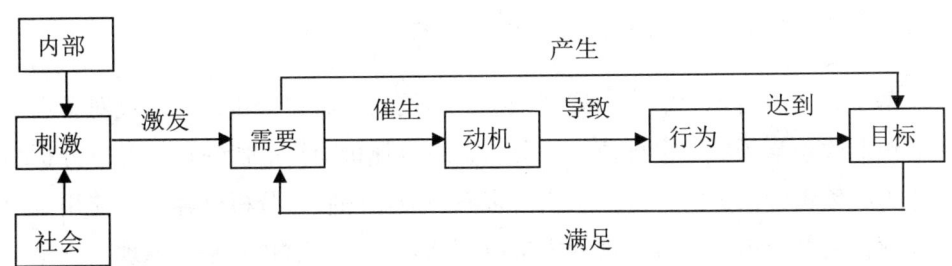

图 3-3 人的行为过程

如图 3-4 所示，农户在内外部因素的刺激下会产生融资需求，并产生一定的行为动机，这些行为动机具有多元化的特点，但可以概括为内部动机和外部动机两种。农户受到内外部动机的双重影响，可能会将融资意愿转化为融资行为。然而，对于理性的融资农户来说，他们会在全面分析成本收益以及风险收益的基础上做出是否融资的选择，当农户面临的融资风险没有超出自己的承受范围，投资收益比成本高，而且农户从融资行为可以获得收益时，农户往往会在实践中做出融资行为选择，最终会在一系列实践活动中逐渐实现融资行为目标。本书将重点围绕融资农户成本收益以及风险收益两个问题展开深入分析。

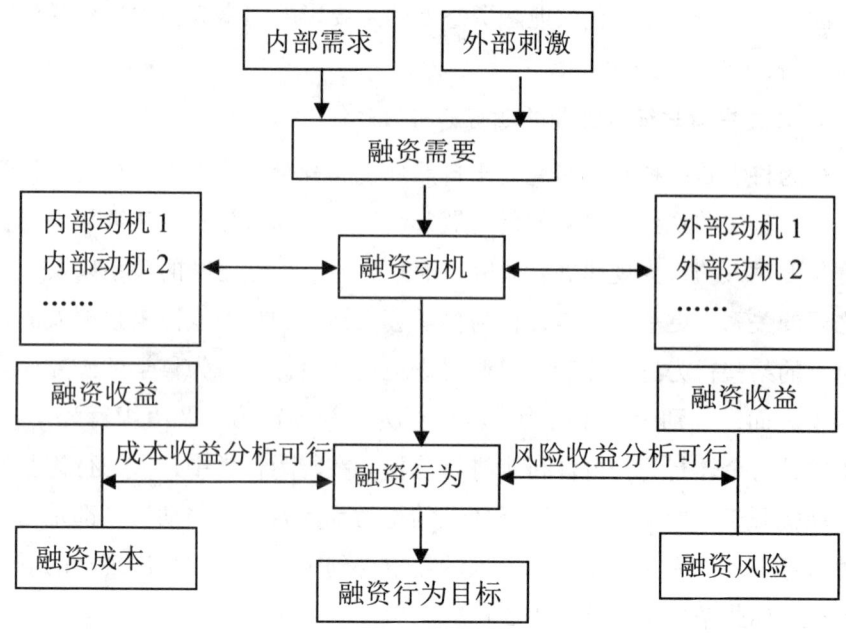

图 3-4 农户参与融资行为选择机理

基于成本收益理论的农户融资动机。所谓成本收益分析,是通过对备选项目的预期收益与预期成本现值进行分析,综合评价项目的优缺点,并以分析结果作为决策参考依据的方法。从当前来看,成本—收益分析已经广泛应用于分析和评估公共政策的领域,这种方法以福利经济学与财政学基本原理为理论基础[158]。对农户融资行为所获得的损失,以及收益方面进行的全面分析,有利于针对农户融资行为选择进行正确的分析,也有利于研究者深入探讨融资行为的动因机理。关于农户融资的成本收益分析方面没有人能清楚地构建起一个较为完善的成本收益分析框架。本书结合相关理论,试图运用经济学语言构建一个规范的成本收益分析模型。

农户参与融资行为的成本分析。农户参与绿色农业融资的成本由直接成本和间接成本组成。直接成本主要是这些方面,即:一是资本成本,二是时间成本,三是信用成本,四是交易成本;而间接成本则包括因融资所引发的机会成本,与风险成本以及农户为整个国家生态环境改善所承担的环境成本(参见图3-5)。

3. 农户参与绿色农业融资的机理分析

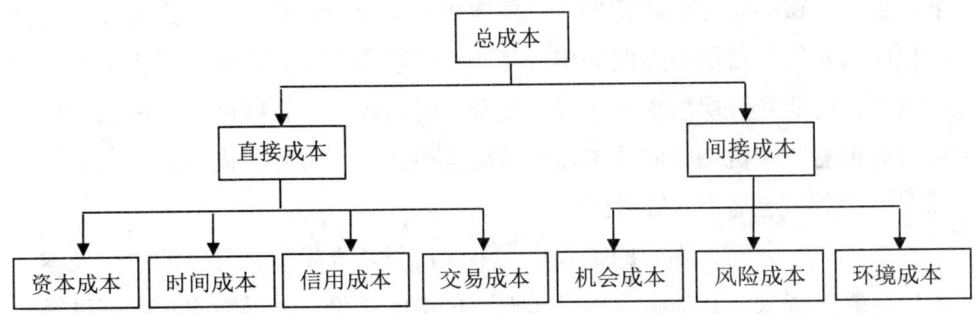

图 3-5　农户参与价值链融资成本构成

直接成本是指在农户融资过程中农户所承担的成本，具体包括：一是资本成本，也就是资金贷出者应获得的必要收益；二是时间成本，也就是从申请贷款到获得资金期间所付出的代价；三是信用成本，也就是为取得贷款向担保企业付出的代价；四是交易成本等[159]。

资本成本是指农户资金使用期间所支付的费用，也就是农户所支付的借款利息。在本书介绍的农户参与绿色农业融资的四种形式中，农户自助模式下的农户一般会向自己的朋友、亲戚以及社会关系密切的人融资，且双方共同协商融资利率，由于彼此之间非常熟悉，因此融资利率通常会低于正规金融利率，而且还有可能出现零利率融资，可是也不排除利率奇高的现象。绿色农业品价值链参与主体互助融资模式是以订单为依托，价值链上其他参与主体为农户提供融资，这种融资模式中的资本成本不是以利息为体现的，通常是融资农户最终产品销售的售价与未融资农户售价之间的差额即为融资农户的资本成本。绿色信贷是一项为了控制污染严重、能源消耗高的产业而颁布实施的一项信贷政策，该政策由中国人民银行、环保总局以及银监会三方共同颁布实施，这一政策体现了妥善处理金融机构与良性发展之间的关系是非常有必要的。现阶段绿色信贷基本实行基准利率下浮 10% 的优惠利率。互联网 P2P 模式截至 2014 年 12 月平均利率为 14.08%，是四种模式中利率最高的一种[160]。

时间成本是影响农户融资行为的关键因素，它是判定农户获得资金效率的唯一标准，农户从申请借款到取得资金之间的时间差被认为是借款的时滞。而当融资效率越高时，则相应的时间就越短。如果是农户自助模式，一般时间成本则较小，在价值链条件下，农户向上下游企业、核心企业进行借款，或者向上下游企业、核心企业申请担保，以便向银行等金融机构贷款，则需要经过繁琐的程序，并使获得的资金时间出现延长。绿色信贷模式需要农户提供相应的证明材料，需要经过层层审批，程序复杂，时间较长。互联网 P2P 模式是相对于银行等正规金融机构时间成本较低的融资模式，一般农户向网站提出申请后一周左右就会确定是否能够得到贷款。

在信用成本方面，则指的是农户为了取得贷款提供的抵押物的占用成本、或农户为取得贷款由其他企业提供担保而付出的代价，其是对农户融资可得性进行衡量的关键因素。农户自助模式一般不需要农户提供抵押担保等，所以一般认为农户自助模式不存在信用成本。这种做法忽略了农户在融资过程中付出的"隐形成本"，即亲戚关系、友情等。农户在无息或低息融资时，也支付了这些隐形成本，而这些隐形成本可能会通过其他形式偿还。价值链参与主体提供融资模式是一种把商品交易与贷款联系在一起的远期合约，相当于利用订单合同进行抵押获得信贷融资，没有价值链上企业为其提供担保，则就没有该代价，而相应的信用成本则为零。而正规金融机构需要提供充足的抵押品，信用成本较高。互联网 P2P 形式灵活，一般不需要抵押担保，农户采用这种方式融资主要是因为信用成本低的原因[161]。

交易成本是指为达成一笔交易而支付的与此交易相关的费用，包括这些费用，即为达成交易而需经过信息传播费用、广告费用、谈判费用、签约费用及后期监督等费用。本书所指的交易成本，指的是为达成融资交易农户所付出的谈判成本、协商成本、签订订单成本等活动所支付的成本。在本书介绍的农户采用的这四种融资模式中，绿色信贷和 P2P 模式都需要交易成本，银行会有金融机构贷款手续费，P2P 模式会有网站服务费。

农户在融资过程中，不仅需要付出直接成本，而且还要付出间接成本，其中包括机会成本、风险成本以及环境成本等。

机会成本指的是将特定的资源应用到某一种产品的生产过程，而忽略生产其他产品产生的价值与收益。机会成本在价值链参与主体互助融资模式中的表现较为明显。农户在供应商融资模式中，融资往往会影响农户的生产决策，供应商往往会根据市场行情制定融资策略，使农户在生产过程中承受较低的风险，农户应该认真分析种植不同农作物时的机会成本。同时，农户在产品销售过程中，不管是供应商融资还是龙头企业融资，都不能自己选择销售对象，也不能

3. 农户参与绿色农业融资的机理分析

自由定价，此时的机会成本是农户融资与否考虑的主要因素。

风险成本是指农户不能按时还款所付出的代价。农户融资一般用于绿色农业生产领域，如养殖业、种植业等，农业生产具有周期长、效益低、风险高等特点，再加上自然条件会对农业生产产生很大的影响，它对自然条件的依赖性比较强，这决定了农业生产高风险、低效益的主要特征。如果农业生产过程中遇到了严重的自然灾害，很可能会导致收成减少甚至是绝收，大大增加农民难以如期归还贷款的风险。农户融资中隐含的风险成本经常会让低风险偏好农户对融资望而却步。

环境成本指的是在农业生产过程中为了使环境条件符合环境保护法律规定所产生的费用。农户在绿色生产过程中要想使环境符合相关法规的要求，必然会发生环境成本支出，融资后扩大农业投入自然会存在环境成本的相应支出，这样才能将污染问题控制在最低水平，以保护了生态环境[162]。

农户在参与融资过程中可能会获得一定的收益，这部分收益有直接收益，也有间接收益，如图3-6所示。直接收益又可以划分为两种类型，其中的一种类型为短期收益，另一种则为长期收益。短期收益主要指由于参与融资农业多投入而获得国家政策补贴收益。长期直接收益主要是指农户融资后形成的资金收益及信用的积累。间接收益包括环境收益及社会收益等，生态环境收益尽管对农户来说非常重要，可是在实践中却难以计量。社会收益指的是增加交流机会、更新观念、开阔眼界等。

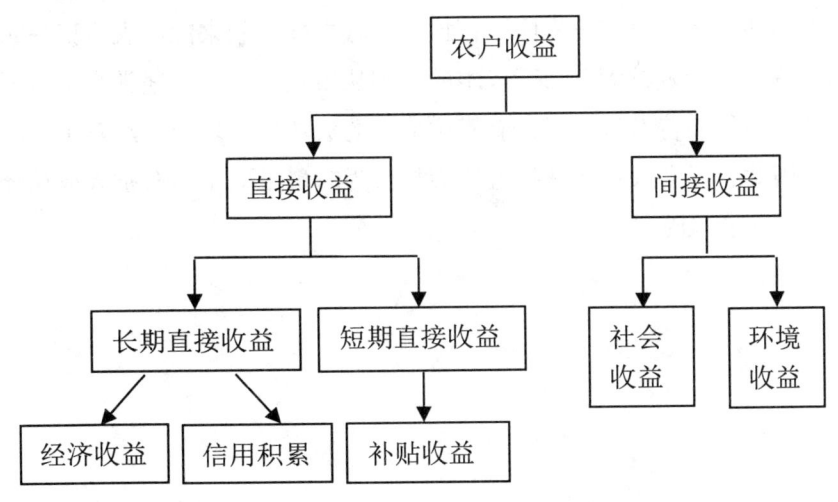

图 3-6　农户参与价值链融资收益构成

基于风险收益的农户融资动机。正如前文所述，大部分农户在参与融资的过程中将不得不面临市场风险、自然风险以及政策风险。市场经济条件下的各种市场因素都有可能会影响到经济活动的结果，导致市场行为带有明显的不确定性，即市场风险，农户融资投入绿色生产后将面临绿色农产品市场价格波动而带来的市场风险。政策风险指的是随着波动性或不确定性政策而产生的风险成本。例如，黑龙江省支持食品企业和专业合作社申请绿色农产品或绿色食品认证，如果农产品或食品通过了绿色认证，那么政府则会承担起全部的认证费用，并且还会以补贴的形式给予绿色食品或绿色食品一定的标志使用费用。我国当前的绿色生产政策存在着规定模糊、笼统的缺陷，加大了政策风险。绿色农业生产是自然力和人力共同作用的结果，自然因素会对绿色农业产生极大的影响，因此绿色农业面临的自然风险居高不下。基于此，理性的农户会考虑到自然风险以及自然风险带来的成本，因此他们会在仔细权衡之后才做出是否参与融资的行为选择。另外，他们也会分析比较融资前后所面临的风险，最终选择一种最佳决策方案。无论是农户自身因素，还是农户所在外部经济环境，都会对农户参与融资行为的选择产生重要影响。从某种程度上说，农户参与融资的行为选择机制类似于特定因素影响下的风险收益机制。

一般来说，收益与风险既对立统一，又互相影响。收益与风险之间呈正相关性，因此前者越大，后者也越大。从目前来看，我国农户在长时间的经营实践中已经形成了一定的风险意识，并且具备了一定的风险承担能力，可是农户所掌握的的经济信息十分有限，再加上头脑中建立起来的小农意识很顽固，农户很难依据边际效益大于边际成本的原则从事农业生产，通常会坚持低风险的经营理念。他们普遍认为，只有模仿他人的成功经验才会在经营中面临最低的风险。因此，很多农户在选择融资参与行为时也采取了照搬别人成功经验的做法来降低融资风险[163]。

3. 农户参与绿色农业融资的机理分析

如图 3-7 所示，I_1、I_2、I_3 表示三个不同农户参与融资行为的风险收益曲线，横轴表示收益，纵轴表示安全（安全与风险呈负相关性）。由于农户的文化素质、生产能力以及生产条件存在着很大差异，三条曲线各不相同。三条曲线 I_1、I_2、I_3 分别表示的是安全与收益之间的组合关系。在相同曲线上的各点表示的是农户的满意程度没有差别。农户承担的风险大，相应所获得的收益也会相对较高。我们对曲线 I_3 展开分析，很明显可以看到 A 与 B 两点的满意程度相同，A 点对应的安全用 S_1 表示，收益用 R_1 表示；S_2 和 R_2 分别表示的是 B 点对应的安全与收益。尽管 B 点的 R_2 比 A 点的 R1 大，B 点收益比 A 点收益大，可是 B 点的 S_2 却比 A 点的 S_1 小，说明 B 点的安全性低。根据曲线图可以看出，只有将 S_1S_2 这一段的安全舍弃，才可以获得 R_1R_2 的收益。面对这一条件，农户更偏重于收益还是更偏重于安全决定了他是否参与融资以及融资规模。根据调查结果显示，大部分农户更青睐于 S 点，因为这类农户都属于风险规避者。换句话说，农户在融资过程中承受风险的能力普遍偏低，因此他们在是否参与融资以及融资规模上总是会表现出谨慎的态度，这与绿色生产试验期农户参与融资的热情不高这一真实现状正好相符，因为此时，农户对风险预期高，对融资也是谨慎态度，多数都会观望等待，而等到绿色农业实施了一段时间后，政策更加完善，相应的不确定因素会大大降低，农户出于从众心理参与到融资。

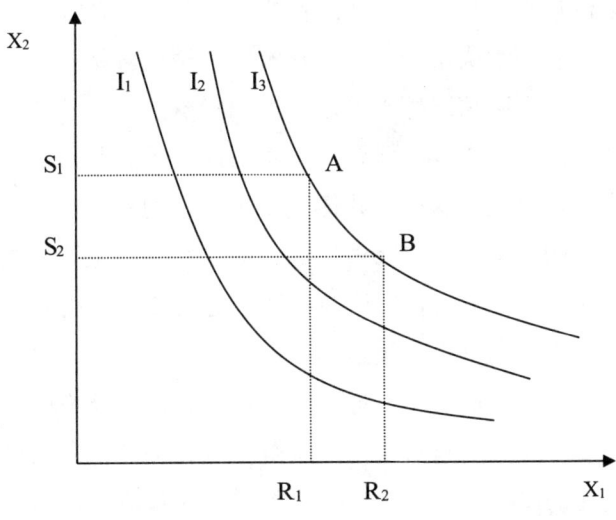

图 3-7 农户参与绿色农业融资风险与收益

因此，农户参与绿色农业融资动机的主要影响因素为：户主的年龄、文化程度及对待风险的态度；农户家庭的人口特征、生活特征和家庭成员的社会地位；农户家庭的生产经营类型、土地规模及销售渠道；绿色农产品市场的发育程度及绿色农产品的价格情况；国家补贴政策及金融机构覆盖程度。

3.1.4 农户参与绿色农业的融资决策

上世纪40年代决策科学观出现，并随着科学技术革命的出现以及信息时代的到来，在目前已经于社会各个的领域中实现了渗透。在决策科学中，决策是由决策者判断、探索以及评价行动的手段或目标，并做出最终选择的一个过程。在决策过程中，制定行动方案居于核心地位，也就是从可供选择的方案中选择出最佳方案；决策是一种先于行为动作之前的心理动作，它以社会实践为基础，是人们在已经认识到客观规律作用的前提条件下，对目标以及行动方案进行选择的活动。理性因素以及非理性因素不仅广泛存在于决策过程中，同时也存在于决策思维之中，基于此，只有在全面考虑各种理性因素及非理性因素的基础上才能更好地实现科学决策。以上决策理论为本次研究提供了理论支持。本书将在下文中充分运用决策理论来探索农户参与绿色农业融资的决策模式。

参与绿色农业融资的农户各自都有独特的个性特征，在市场经济条件影响下，农户的决策心理也各不相同，可是根据相关决策理论，绿色农业融资农户的决策模式可以概括为三种，即自主理性决策模式、从众模仿决策模式和被动接受决策模式。自主理性决策模式指的是农户在全面分析绿色生产需求、内外部经济环境以及自身实际情况等因素之后做出融资选择；从众模仿决策模式指的是农户无法独立做出是否参与融资的决定，而是看到其他农户从融资中获取收益之后才做出融资决定，这种模式体现出了农户的从众心理；被动接受决策模式，即农户融资的决策不是自己做出的，而是由上级主管机构或者他人代替农户做出决策，这一模式下的农户只能被动接受决策[164]。

自主理性决策模式的基本决策过程，如图3-8所示：自主理性决策模式下的农户一般比较理性，他们会多渠道了解政策，并进行调查或咨询他人外部融资环境，同时还要全面分析自身条件，了解融资面临的机遇与挑战，还要分析预期收益以及潜在的融资风险，提出最终的融资决策方案。自主理性决策模式下的农户一般综合素质较高，各方面的能力相对比较突出，收入水平普遍不低，属于"智慧型"农户。

3. 农户参与绿色农业融资的机理分析

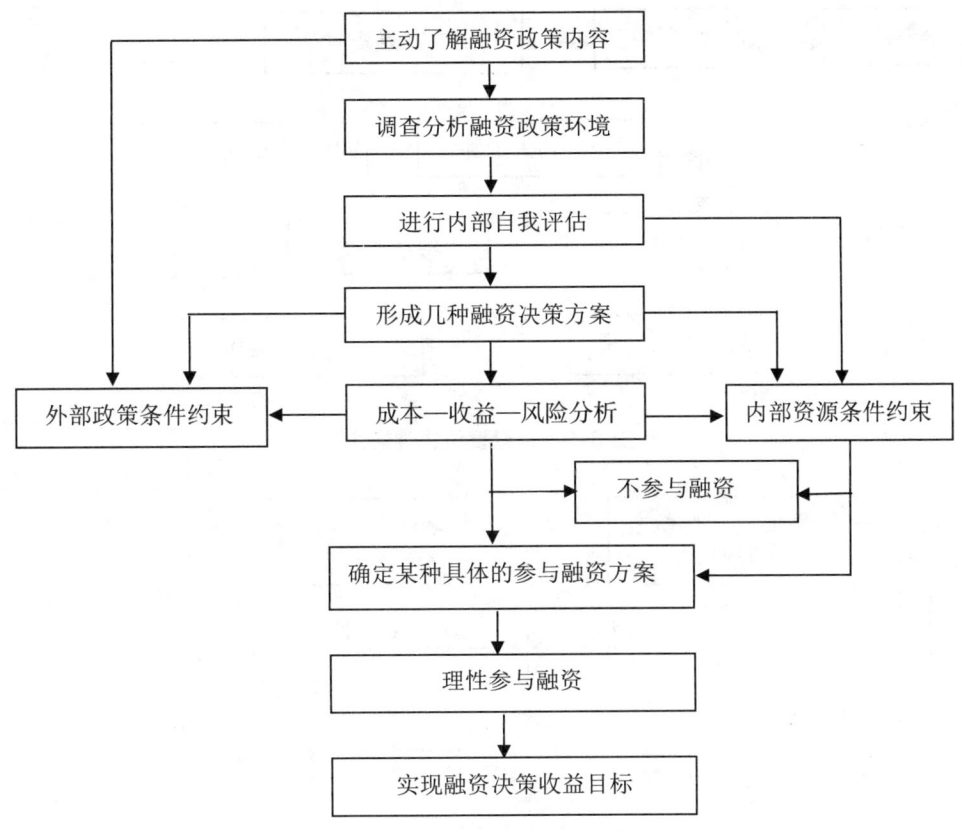

图 3-8 自主理性决策模式

从众模仿决策模式。从众模仿决策模式下的农户一般会在融资起始阶段表现出观望的态度,想方设法了解更多的融资信息,而且对其他农户的融资行为表现出密切关注,同时还会站在第三方的角度分析已经参与融资农户的融资行为将会产生怎样的影响,如果发现已融资用户所获得的收益小于预期,或者无法获得收益,此类农户可能会放弃融资的想法,也可能会继续观望。当他们一旦发现已参与融资的农户可以从融资行为中获得较高的收益,就会做出从众参与融资的行为选择决策。这一决策模式下的农户数量最多,因为大部分农户的综合素质不高、能力有限、信息来源渠道比较单一,很难承受较高的融资风险,因此人们将这类人群概括为"有限理性经济人"[165]。这类人群最大的特点是积极学习,追求进步,习惯做出从众行为选择(图 3-9)。

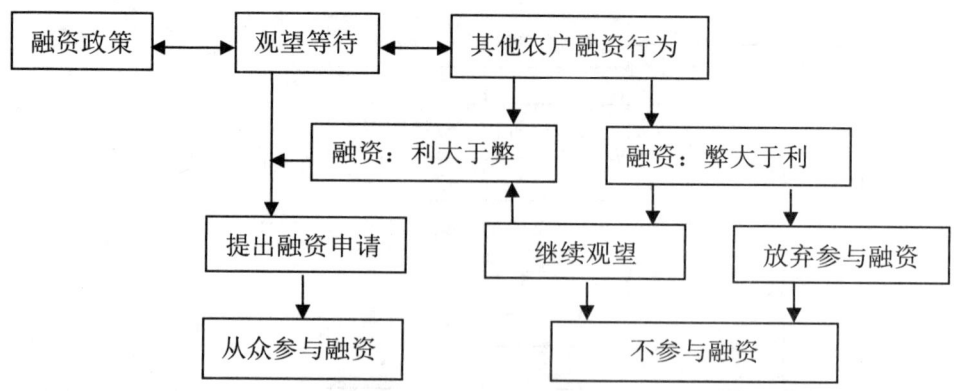

图 3-9 从众模仿决策模式

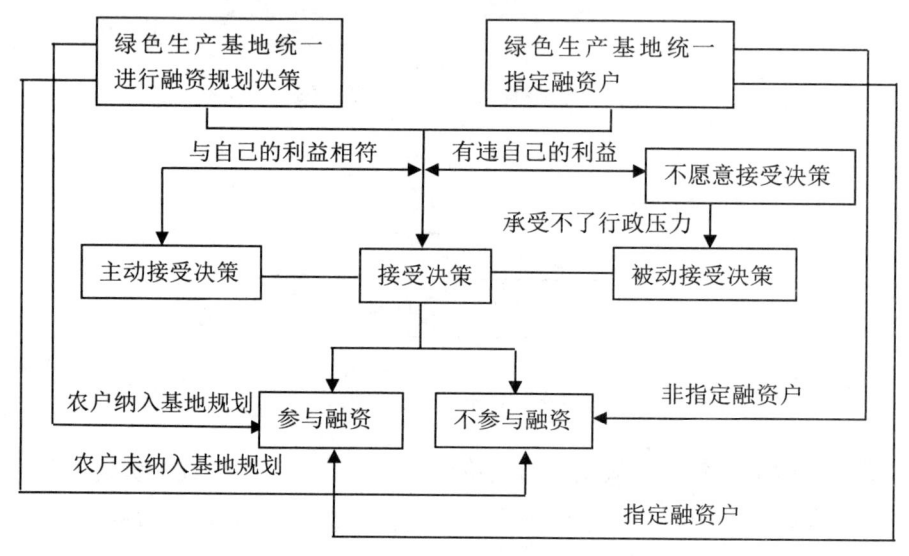

图 3-10 被动接受决策模式

被动接受决策模式。被动接受决策模式的基本决策，如图 3-10 所示：这类决策模式下的农户自身无法做出是否参与融资的最后选择，一般由上级机构或者其他人代为决策。上级机构代为决策的过程可以分为两种情况：第一，上级统一规划；第二，上级统一指定。当上级机构代为决策之后，农户也会理性分析决策，如果认为上级做出的决策不利于自身经济利益的实现，他们内心会排斥决策，可是很多时候在行政压力或者较高的行政收益的影响下他们还是会选择被动接受上级的决策，而不是勇敢提出异议，当上级决策符合自己的利益时，他们会表现出主动接受决策的态度，并将决策严格落实到实践中。很明显，这类决策模式下的农户主要根据上级意志决定是否参与融资，当农户融资被纳入统一规划时，他们会参与到融资过程中，反之，他们则会拒绝参与融资。当上级没有统一指定融资户时，他们参与融资的可能性较低；反之，他们必须要与融资。此类农户一般在绿色生产基地中较为常见，此类农户的决策权实为基地管理者剥夺。

上文详细阐述了三种不同决策模式的决策过程，在这一基础之上与融资实践相结合，笔者概括总结了三种决策模式的特征，并全部进行比较分析。

通过分析表3-1可以得知，三种决策模式不仅在决策目标、特点、关键因素中存在很大的差异，且在决策结果、农户类型以及农户所占比例上的差距也很大。

表3-1 三种农户行为决策模式比较

决策模式	自主理性决策模式	从众模仿决策模式	被动接受决策模式
决策目标	自身收益最大化、相对成本和风险最小	自身参与风险最小化、相对收益最大化	在满足越权决策方利益条件下的自身相对利益最大化
决策特点	理性化、主动性	从众性、模仿性、趋同性	被动性、决策权虚化
决策关键因素	外部环境和内部资源	其他农户的示范效应	越权决策方的意志
决策结果	风险大、收益高	风险小、收益低	风险小、收益高
农户类型	智慧型、创新型、风险型农户	保守型、稳妥型、传统习惯型	干部型、大户型、特定户
农户所占比例	少数农户	多数农户	少数农户

因此，农户参与绿色农业融资决策的主要影响因素为：户主的年龄、文化程度及对待风险的态度；农户家庭的人口特征、生活特征和家庭成员的社会地位；农户家庭的生产经营类型、土地规模及销售渠道；绿色农产品市场的发育程度及绿色农产品的价格情况；国家补贴政策及金融机构覆盖程度。

3.2 影响农户参与绿色农业融资行为的因素分析

农户参与绿色农业融资行为，从表面看起来是一个农户追求利益过程的简单问题，不过，通过上文的研究发现，农户的融资行为存在异质性，农户融资行为的形成是一个复杂过程，既受到主观因素和非主观因素的影响，也受到理性和非理性因素的作用，是多因素综合进行影响的结果。通过梳理和归纳，本节较为系统地总结出了影响农户参与绿色农业融资行为的多因素体系（参见图3-11）。

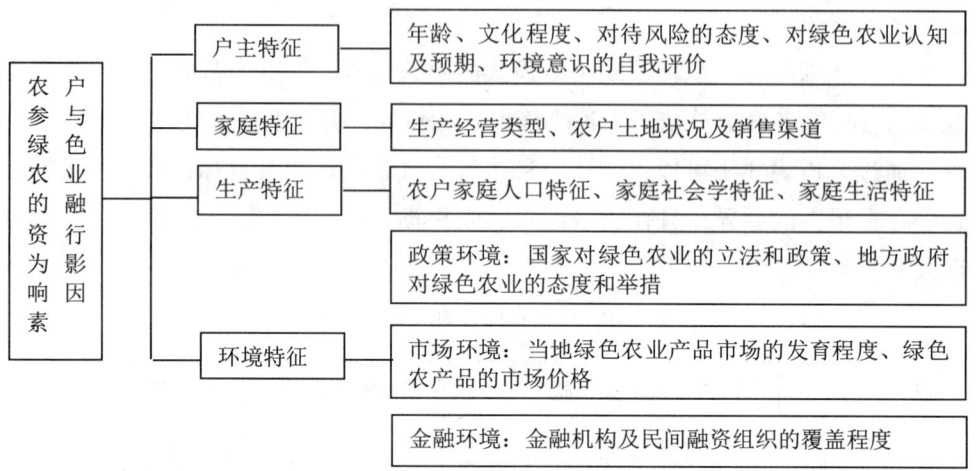

图 3-11 农户参与绿色农业融资行为影响因素体系

3.2.1 户主特征因素

户主一般是指处于一个家庭的核心地位，并担当家庭的主要责任，对家庭事务的处理拥有充分的决定权，而且是家庭的经济支柱[166]。与此同时，户主是进行家庭经营活动决策的主要人物，他的选择会影响到农户的融资行为。户主特征因素主要包括户主年龄、文化程度、对待风险的态度、对绿色农业政策认知及预期、环境意识的自我评价等。

户主年龄因素从理论上说，对农户参与融资的行为没有直接的指向作用，当户主的年龄较大时，接受信息资源较少，思想上会更加守旧，特别对绿色农业产生的兴趣不大，因此融资的想法就相对较低。但同时，一些岁数较大的户主，由于经验积累较多，认识问题十分全面，因此更容易接受融资。除了一部分人年龄确实偏大，人的思想和身体都出现了较大的问题时，其融资的意愿也可能比较低。

户主应对风险的态度。农户进行生产经营活动时，应对的各种风险所持有的态度，影响到了农户对风险的认识和管理，应对风险采取不同的态度。而且户主的性别和文化程度等特征直接影响着户主的应对情况，年龄较大的农户不愿承受风险，而且他们的思想随着年龄的增长会变得更守旧，加上能力有限、精力有限，因此对风险的承受能力更差，这部分人的融资需求一般不高。

户主对绿色农业的认知和预期。认知是农户参与绿色农业进行融资决策的基础，户主要更好地了解绿色农业政策。一方面要关注政府的政策宣传，另外一方面，则应提高农户对信息的接受和处理能力。在融资进行前，都要进行全面的风险评估，以及对收益和成本进行科学的预期。这往往是对一些头脑清醒、有远见卓识户主来讲的，其在融资前都会进行的一定准备工作，之后再做出比较客观的决策。通常情况下，如果对绿色农业生产的风险预期过高，则会造成融资意愿的降低；而如果对绿色农业生产的收益期望高，那么进行融资时意愿就会十分强烈。

户主环境意识的自我评价。农户作为农业环境影响的直接主体，其认知与决策行为是农业环境改善的基点。认知的提升必然会导致合理的期望行为。大部分农户认为现在农村环境污染严重，希望通过自己的绿色农业生产改变农村的环境，加大绿色生产的投入是农户所能做到的改变农村环境污染的基本途径。农户进行绿色生产带来国家整体生态环境效益的提高，有利于国家生态环境建设的顺利进行。对农户融资投入绿色生产来说具有较大激励作用。

3.2.2 家庭特征因素

农户劳动力数量及质量。劳动力的数量关系到一个家庭的收入水平，同样也关系到农耕活动的强度。农户劳动力质量包括劳动力年龄、文化素质、技能状况等。年龄是衡量劳动力质量的一把"双刃剑"，既可以说"年龄是个宝，年纪越大，经验越老"，也可以说"年龄是个宝，年纪越轻，体力越好"。在通常情况下，劳动力年龄越大，乡土知识经验越丰富，同时也偏向于更保守些；而劳动力年龄越轻，思想越活跃，锐气越足，对新事物的接受能力越快。在劳动力文化素质方面，劳动力受教育程度越高，认知能力越强，创收能力也越强。

农户户主的文化程度与家庭收入密切相关。通常情况下，文化程度越高，接受新事物和新知识的速度就越快，其视野也更为开阔，信息的搜集处理运用能力、机会把握能力、创新能力、创收能力也相对较强。户主文化程度高的农户对绿色农业生产更为关注，对绿色农业的认知程度相对较高，其参与融资行为更为理性。

农户家庭的社会关系资源。社会关系资源对于大多数农户而言是一种稀缺资源。农户的社会关系资源越多，则农户信息获取的渠道越多，农户对绿色农业的认知也就越充分，农户参与融资的意愿也相对较强。

农户家庭的社会政治地位。在农村，村、组干部的社会政治地位较高，其家庭经济状况比普通农户家庭要好，在政府信息的获取（如政策制定）、项目选择、技术来源、资金贷款等方面占有明显的便利和优势，因此，农户家庭社会政治地位高的农户，其参与融资的可能性越高，其行为选择对其他农户的影响也更为广泛。

农户家庭对政府的信任度。农户对政府是否信任，会影响到农户对政府政策的响应状态，如果农户对政府充分信任，那么农户针对政府出台的绿色农业信贷政策将会积极地及时加以响应。而如果农户对政策不信任，那么农户将会采取消极响应的举措，持观望等待的态度。

3.2.3 生产经营特征因素

生产经营类型。农户的生产经营类型在响应国家政策号召的前提下受自身所处地理位置、地型条件的局限，同时又要考虑到市场价格波动等风险因素的影响，所以不同农户的生产经营决策不同。但由于不同农作物成本不同，因此，农户进行生产经营的成本也有着较大差别。而生产经营成本直接决定了农户的资金投入，从而产生了农户的融资需求。一般情况下各类型农作物生产成本以每亩计算从低到高依次为粮食作物、油料作物、糖料作物、水果、蔬菜等，而茶树在1-3年育苗期投入成本更高。因此，农户生产经营类型的选择直接影响了农户的融资需求。

销售渠道因素。农户销售渠道的选择受交易成本、信息成本、谈判成本、结算方式和违约情况等多因素影响，而销售渠道的选择又会直接影响农户的产品收益。目前我国农村缺少专门的绿色农产品市场的建设，农户绿色生产后的产品销售渠道问题是农户关注的重点，通常畅通的销售渠道会增加农户从事绿色生产的可能。而在环境条件不变的前提下，便利性、价格、稳定性、规模性、经济性、关系性、习惯性和控制性是影响农户选择销售渠道的主要因素。尤其是绿色农产品的生产，农户一般会有固定的销售渠道。

农户的土地状况。耕地是农户会重要的基本生产资料，就耕地质量而言，由于耕地分布不同、土地肥沃程度不同，所以劳动效率也有所不同。这完全符合马克思级差地租的理论内容，进而会对农户的融资意愿产生影响。通常情况下，耕地的质量进行的是三等分，即优、中、劣三等耕地，不同级别的耕地，产出是有区别的。而在农户融资意愿方面，显然产出高的优等耕地其融资意愿就高，而第三等级的劣等耕地，由于地理位置差，因此更没有多大的兴趣进行融资，农户融资意愿低。此外，耕地的质量还体现为是否便于耕作。一般情况下，衡量耕地质量的指标有坡度，以及耕地距离公路多远等。所以，农户在融资行为的选择时应根据自身所占有的耕地数量和质量进行判断。

3.2.4 环境特征因素

影响农户融资行为的环境因素主要包括政策环境因素、市场环境因素和金融环境因素。

政策环境因素。农民进行生产经营活动时，国家通过立法创造了稳定的社会环境，健康的市场秩序，并通过重视"三农"发展的政策为农民增收创造了良好外部环境。通常情况下，重视"三农"发展的政策法规颁布得越多、越全面，国家政策扶持给农户的绿色生产增强了信心，农户在国家的政策鼓励下才会更愿意加大绿色生产的投资力度。

市场环境因素。针对绿色农业生产，地方政府的态度和提供的相关配套措施。对农业生产的扶持态度是否积极，包括是否积极宣传政策，是否能够严格按政策办事，针对农业市场是否能够出台积极配套的措施，这些都将关系到农户是否积极地参与农业生产，是否能够积极地参与融资，能否从绿色农业中获益，因此会对农户的融资意愿产生影响。通常情况下，如果地方政府对绿色农业的扶持力度大，而且出台的措施，激励有效，那么农民对于绿色农业便会表现出积极的态度，积极参与融资。

当地绿色农产品市场的发育程度。一个成熟的农产品市场，需要完善的市场流通体系。主要是指便利的农产品销售、完善的农产品流通体系，以及对于农产品信息的获取。如果绿色农产品市场体系发育程度较为完善，那么农户一般更愿意的事绿色农业生产，对融资也会积极参与。

在市场经济条件下，农民最关心的问题就是农产品的价格问题，它决定了农民的生产经营行为选择及生产的积极性。在当地，如果农产品的价格呈上涨趋势，农民进行农业生产的积极性就会大大提高，那么农民的收入也会大幅度增加，也表明农户参与绿色农业预期收益增加，农户融资扩大生产的意愿就会相对较强；如果当地绿色农产品价格呈下降趋势，农民在绿色农业生产的收益将大大减少，那么农民进行融资的意愿就变得相对不强。同时，价格因素决定了农户参与绿色农业融资的风险成本。如果当地绿色农产品市场价格呈上扬趋势，那么农户参与绿色农业融资的风险会降低，农户融资扩大生产的意愿就会相对较强；如果当地绿色农产品价格呈下降趋势，那么农户绿色生产风险升高，农户融资的意愿就会相对较弱。

金融环境因素。农户到最近的正规金融机构所需时间。在农村金融供给环境中，当正规金融机构距离越近时，农户获得从正规金融机构获得融资的时间成本越低，农户的金融需求越强烈。所在地区有民间融资组织的农户，金融需求较强。金融机构覆盖不到，或者金融机构少，农户距离金融网点远等因素，都会增加农户从正规金融机构获得融资的融资成本，降低农户的融资需求。

3.3 各因素对农户参与绿色农业融资行为的作用机理

依据"成本—收益理论"，农户的融资效果会直接影响农户的融资行为选择。因此，本书对农户参与绿色农业的融资从融资需求、融资额度、融资模式、融资效果四个维度加以分析，研究各影响因素对农户参与绿色农业的融资需求、融资额度、融资模式、融资效果的作用机理，从而通过改变这些主要因素进而影响农户参与绿色农业的融资行为选择。

3.3.1 对农户融资需求的作用机理

户主自身因素影响农户融资需求的机理分析。在家庭的日常生活与生产中，户主基本上能够决定家庭成员的工作以及其他经济行为。所以说，农户对于户主的权威认可度较高，能够对家庭经济的管理行为做出合理的控制。这种情况主要是按照传统家长权演变而来的家庭结构。户主个人的综合素质和经营才能对家庭整体的生产经营状况与经济收入总额有着重要的决定性作用。下面主要从户主的年龄、文化程度、环保意识的自我评价、对待风险的态度、对绿色农业生产的信心指数等方面分析其对农户融资需求的影响。户主受教育程度高，则会呈现出对融资需求的提高，二者呈现了同步波动性。户主受教育水平越高，其所在组农户的融资需求也高庞越。农户是影响农业环境的直接主体，农户的认知能力与问题处理决策行为共同构成了改善农业环境的基点。认知能力的提升必然会导致问题处理行为能力的提升。大部分农户认为现在农村环境污染严重，希望通过自己的绿色农业生产改变农村环境，加大绿色生产的投入是农户所能做到的改变农村环境污染的基本途径。而加大绿色生产的投入势必会导致农户资金需求的增加。性别、年龄、文化程度等因素影响农户户主对风险的态度，年长的农户比年轻的农户更抵触风险。因为年龄越大，思想观念越陈旧保守，自身能力和精力的不足。使他们产生了更强的风险规避意识，这部分人的融资需求一般不高。文化程度越高的农民对风险的承受能力强、思想观念相对灵活，对机会的把握能力和工作能力较强的农户实际生产经营中越倾向于风险中性或风险偏好。农户对绿色农业的信心指数越高，绿色农业生产中的融资意愿越高，可能农户对绿色生产的信心来源于自己过往的经历、其他农户绿色生产的成功经验或者是国家对绿色农业生产的大力扶持，使农户认为参与或者扩大绿色生产后会取得预期的收益，当农户存在资金缺口的时候，可以通过融资的方式来解决，等绿色生产完成了一个周期后不会存在无法还款的可能。

家庭因素影响农户融资需求的机理分析。根据家庭因素来看，可以农户家庭中的劳动力数量和平均年龄以及家庭成员身份三方面因素分析其对农户融资需求的影响。家庭单位中劳动力数量也会影响农户对融资的需求，从而引发所在组的融资需求变化。绿色农业的生产对于化肥、农药等等的需求量都很少，以传统农业的生产方式，为人们提供更健康、更绿色的食品和加工原料。由此可见，绿色农业对于劳动力的需求量更大，劳动力越充足，农户绿色生产的规模越大，融资意愿越强。融资需求会受家庭劳动力平均年龄的影响。党员、村干部或大学生是家庭成员身份变量指标的选取标准。党员、村干部是响应国家推出绿色食品政策或号召的积极拥护者，会起到模范带头作用率先生产绿色食品；而作为代表农村先进文化的大学生则会在家中传播先进的农业生产技术、超前的金融理念等等。国家号召农户扩大绿色农业生产，适度扩大绿色农业生产规模，作为党员和村干部，首先应响应国家绿色农业适度规模生产的号召。规模的扩大需要更多资金的投入，对资金的需求随之提高。而且党员、村干部或大学生自身的文化素养比较高，接受外界信息能力较强，农业生产思路开阔，有较好的现代金融投资意识。愿意通过多种渠道融资来发展生产，扩大生产经营范围，因而对资金的需求表现得更为强烈。另外，党员、村干部或大学生村官等等，都能够在当地拥有比较良好的声誉，农户对于知识分子都能够有较高的信任度，金融机构有了担保也更容易对其批准贷款。家庭成员身份对农户融资需求会产生直接而正向的影响结果。

　　生产经营因素影响农户融资需求的机理分析。生产经营因素分别从绿色农产品生产经营类型、绿色有机土壤规模、绿色农产品销售渠道等三方面分析了其对农户参与绿色农业融资的影响。农户的生产经营类型在响应国家政策号召的前提下受自身所处地理位置、地型条件的局限，同时又要考虑到市场价格波动等风险因素的影响，所以不同农户的生产经营决策不同。但由于不同绿色农作物成本不同，因此，农户进行绿色生产经营的成本也有较大差别。而生产经营成本直接决定了农户的资金投入，从而产生了农户的融资需求。一般情况下，各类型农作物生产成本以每亩计算从低到高依次为绿色粮食作物、绿色油料作物、绿色糖料作物、绿色水果、绿色蔬菜等。而茶树在 1–3 年育苗期投入成本更高。因此，农户生产经营类型的选择直接影响了农户的融资需求。如果农户中对融资有需求时，会根据农户经营的绿色有机土壤面积来产生变化，曲线结构呈现出"下降－上升－下降"的趋势。目前，我国农村缺少专门的绿色农产品市场，农户绿色生产后的产品销售渠道问题是农户关注的重点，通常畅通的销售渠道会增加农户从事绿色生产的可能性。农户选择销售渠道的时候会考虑到一些相关因素，比如交通便利性、成交价格稳定性、收购规模性、成本经济性、交易的习惯性和其他风险控制性等因素。尤其是绿色农产品的生产，农户一般会有固定的销售渠道。不同的销售渠道对农户融资需求具有一定影响。参与龙头企业的农户，其融资需求普遍较高。由于不用考虑销售的问题，农户的一般性融资没有后顾之忧。

　　环境因素影响农户融资需求的机理分析。农户是否有国家政策扶持与融资需求的交叉比较显示，农户国家政策扶持的农户组的融资需求要高于没有政策扶持的农户组。这说明国家政策扶持给农户的绿色生产增强了信心，农户在国家的政策鼓励下更愿意加大绿色生产的投资力度。国家的政策扶持对农户的绿色农业生产具有较大激励作用。农户所在地附近是否有收购主营绿色农产品的企业或者基地组织与融资需求的交叉比较显示，农户所在地附近有收购主营绿色农产品的企业或者基地组织农户组融资需求度，明显比农户所在地附近的收购组要更高，对于主营企业或者基地组织的农户组来说，这种融资需求量更大。农户所在地附近有民间融资组织融资需求高于所在地附近没有民间融资组织的融资需求。还进一步表现为农户到就近的正规金融机构的时间，也能够造成对融资需求行为的影响。此时，农户融资需求会随着正规金融机构可达时间增加而降低。金融机构覆盖不到，或者金融机构少，农户距离金融网点远等因素，会使得农户从正规金融机构获得融资的融资成本增加，导致农户嫌融资麻烦，结果降低其融资需求。

3.3.2 对农户融资额度的作用机理

户主自身因素影响农户融资额度的机理分析。年龄在25岁以下的户主，对各水平的融资需求均较低；26~35岁间的户主会对融资有不同额度的需求，其对1万元以上额度的融资有投入需求，该比值上升的速度很快；36~45岁农户群体对于融资的需求也呈现出了增加状态，对1万元以下融资需求也有明显增加的趋势；46~60岁农户组对不同额度融资需求趋势明显下降；60岁以上农户组对融资需求额度的要求和25岁以下农户组的水平接近。

家庭因素影响农户融资需求的机理分析。家庭因素分别从农户家庭劳动力数量和平均年龄以及家庭成员身份三方面因素分析其对农户融资需求的影响。家庭成员身份与农户融资需求额度的交叉比较显示，家庭成员中有党员、村干部和大学生的农户中具有融资额度比普通农户均会高出一定比例。而且党员、村干部或大学生自身的文化素养比较高，接受外界信息的能力较多，农业生产思路开阔，有较好的现代金融投资意识。愿意通过多种渠道融资来发展生产，扩大生产经营范围，因而对资金的需求表现更为强烈。另外，党员、村干部或大学生往往在当地有着较好的社会地位和声誉，身边的人相信其偿债能力并对融资进行保证，金融机构有了担保也更愿意贷款。

生产经营因素影响农户融资额度的机理分析。生产经营因素分别从绿色农业生产经营类型、绿色有机土壤规模、销售渠道等三方面分析了其对农户融资额度的影响。生产经营类型与农户融资需求额度的交叉比较显示，粮食作物组融资额度普遍低于其他组，当农户所持有的绿色有机土地面积、融资需求额度比较之后，可以看出绿色有机土壤面积为20亩以上的农户组融资需求集中；绿色有机土壤面积为5亩以下的农户对各种额度的融资需求比例较为均衡。目前，我国农村缺少专门的绿色农产品市场的建设，农户绿色生产后的产品销售渠道问题是农户关注的重点，通常畅通的销售渠道会增加农户从事绿色生产的可能。而在环境条件不变的前提下，农户选择销售渠道的时候会考虑到一些相关因素，比如交通便利性、成交价格稳定性、收购规模性、成本经济性、交易的习惯性和其他风险控制性等因素，也是影响农户选择销售渠道的主要因素。尤为体现在对绿色农产品生产的影响上，农户一般会有固定的销售渠道。不同的销售渠道对农户的融资需求具有一定的影响。参与绿色农业龙头企业的农户，其融资需求普遍较高。由于不用考虑销售的问题，农户一般融资没有后顾之忧。

环境因素影响农户融资额度的机理分析。通过把国家政策扶持与否和融资需求额度的高低比较显示：有国家政策扶持的组的融资需求要高于没有政策扶持的组。这说明国家政策扶持给农户的绿色生产增强了信心，农户在国家的政策鼓励下更愿意加大绿色生产的投资力度。国家的政策扶持对农户的绿色农业生产具有较大激励作用。农户所在地附近是否有收购主营绿色农产品的企业或者基地组织与融资需求额度的交叉比较显示，农户所在地附近有收购主营绿色农产品的企业或者基地本地的农户，其融资需求比处于收购地以外的农户更高。

3.3.3 对农户融资模式的作用机理

户主自身因素影响农户融资模式选择的机理分析。调查结果表明，青年户主对互联网 P2P 模式选择比例较高，中年户主对农户自助模式选择比例较高。这主要是由于年轻户主对互联网较为熟悉，能够更多地了解新信息、新模式，也能够更好地利用互联网资源。而中年户主由于较之年轻人有更好的社会人脉，村民之间相互了解，所以能够得到更多的农户互助。户主受教育水平与融资模式的交叉比较显示，受教育水平为大学的农户组价值链参与主体互助模式较多，说明受教育程度直接影响农户参与订单等价值链生产型式，并从中获得融资。该组农户对互联网 P2P 模式的选择也高于其他组，主要是由于在进行互联网 P2P 模式融资时，融资平台对贷款人的学历背景会给予较高的信用评价。相较于低学历的农户，高学历组更容易采用 P2P 模式获得融资。对户主的环保意识与融资模式的交叉比较显示，环境意识较好或非常好的农户的融资模式更倾向于绿色信贷模式，绿色信贷对农户进行信贷时，需要农户提供相关的证明材料，证明农户从事的是绿色生产。对于环境意识非常好的农户来说，在生产的过程中更注意环境保护，且更容易提供自己从事绿色生产的证明文件。风险态度对融资模式的交叉分析可知，风险规避型的农户一般会选择利率较低，风险较低的绿色信贷模式，也有一部分风险规避型农户会选择价值链参与主体融资模式。这主要是因为农户独立进入市场并进行相应的交易，需要承受的风险较多，其中就包括收购商机会主义方面的风险，以及价格频繁波动等方面的风险等，对能够实现大规模销售的龙头企业组织可能更加青睐；当参与到价值链订单生产当中后，农户的产品销售风险会有所降低，农户不用考虑产品滞销而无法偿还贷款的情况。对绿色农业生产越有信心，其进行绿色农业生产的积极性越高，加大投资、扩大生产的意愿越强烈，农户一般会首选绿色信贷模式，其次是农户自助模式、互联网P2P模式，而对于价值链融资模式，农户的选择比例会低于其他模式，主要是由于农户对绿色生产信心较高，一般认为不需要依赖龙头企业的帮助或扶持，这样也可以不受龙头企业的约束，对于绿色农业生产和绿色产品的销售更有自主权。

家庭因素影响农户融资模式的机理分析。家庭因素分别从农户家庭劳动力数量和平均年龄以及家庭成员身份三方面因素分析其对农户融资模式的影响。劳动力投入与农户融资模式的交叉比较得知，如果在农户家庭中，其劳动力投入较多的，则在融资模式的选择时农户自助模式的选择比例高于其他模式。这主要是由于农户家庭对绿色农业的生产较为重视，因此身为要村民、朋友、互助组织等更相信其具有偿还能力。家庭成员身份与农户融资模式的交叉比较显示，家庭成员中有党员、村干部和大学生的农户中选择农户自助融资模式和绿色信贷模式的会比普通农户高出一定比例。主要是由于党员、村干部或大学生等，其在接受外界信息能力方面相比较多，对于正规金融渠道较为了解，具有现代金融及相应的投资意识，且在日常中经常会注重提高自身的文化素养。一般而言，当农户的思路越开阔时，其接受多种渠道融资来发展生产的意愿就越强。而且党员、村干部或大学生等，其在社会地位及声誉等方面往往较好，更容易获得身边人的认可，都相信其具有偿还能力，因此，其获得农户自助模式贷款的难度较低。

生产经营因素影响农户融资模式的机理分析。生产经营因素分别从绿色有机土壤规模、销售渠道等三方面分析其对农户融资模式的影响。农户所拥有的土地面积与农户融资模式的交叉比较显示，绿色有机土壤规模在50亩以上的农户选择绿色信贷模式较多，这与国家鼓励农户适度规模生产有关，而且绿色有机土壤规模达到一定程度后，金融机构对农户的评分会高于土地规模较小的农户。因此，50亩以上农户组会更多地选择绿色信贷模式融资。目前我国农村缺少专门的绿色农产品市场的建设，农户绿色生产后的产品销售渠道问题是农户关注的重点，通常畅通的销售渠道会增加农户从事绿色生产的可能性。而在环境条件不变的前提下，便利性、价格、稳定性、规模性、经济性、关系性、习惯性和控制性是影响农户选择销售渠道的主要因素。尤其是绿色农产品的生产，农户一般有固定的销售渠道。参与龙头企业订单的农户，其融资模式一般为价值链参与主体互助模式。

环境因素影响农户融资模式的机理分析。由政府直接提供销售渠道的相关需求信息、为交易双方提供政策或价格补贴方面的支持、迫使农户签订各种订单等形式，本书在计量分析中发现，此项变量对农户选择融资渠道的影响并不显著，而在政府的间接支持方面，则表现在是否给予"三品一证"认证以及名牌产品等认证，出于追求高品质产品实现经济收益最大化的需要，农户通常愿意与龙头企业或者合作组织等进行协作，并取得价值链参与主体互助模式融资。农户到最近的正规金融机构所需时间与融资模式的交叉比较显示，农户距离正规金融机构的距离远近会直接影响到农户融资的交易成本。农户对各正规金融机构的融资需求均随着到最近正规金融机构所需时间的延长而降低，这些农户选择农户自助模式和互联网P2P模式的意愿较高。民间融资组织的存在加大了农户选择农户自助融资模式的心率。

3.3.4 对农户融资效果的作用机理

各因素在影响农户参与绿色农业融资需求、融资额度、融资模式的同时，均会对融资效果产生间接的影响。除此之外，对融资效果产生直接影响的因素主要是资本成本和交易成本。在农户家庭特征诸因素中，家庭成员的社会地位对于农户进行自助融资具有较大影响。农户自助模式下的农户一般会向自己的朋友、亲戚以及社会关系密切的人融资，且双方共同协商融资利率，由于彼此之间非常熟悉，因此融资利率通常会低于正规金融利率，而且还有可能出现零利率融资，可是也不排除利率奇高的现象。绿色农业品价值链参与主体互助融资模式是以订单为依托，价值链上其他参与主体为农户提供融资，这种融资模式中资本成本不是以利息为体现的，通常是融资农户最终产品销售的售价与未融资农户售价之间的差额即为融资农户的资本成本。通过金融机构信贷融资的农户，其资本成本就是付给金融机构的利息，金融机构利率的高低直接影响到了农户的融资效果。交易成本主要为银行金融机构贷款手续费、P2P模式网站服务费。这些费用会对农户的融资效果产生影响。

3.4 本章小结

本章在理论分析的基础上提出了本书的分析框架：农户参与绿色农业的融资行为过程遵循认知、态度、动机、决策这一路径，通过对这一路径的分析能够提炼出影响农户参与绿色农业融资行为的影响因素，包括户主特征因素、家庭特征因素、生产经营特征因素和环境特征因素。这些因素同时对农户参与绿色农业的融资维度产生影响，即影响到农户参与绿色农业的融资需求、融资额度、融资模式以及融资效果。根据成本—风险—收益理论，融资效果的变化会直接反作用于农户的融资决策，引起农户融资行为的变化。本章为本书的研究奠定了理论分析基础，为下文的实证分析提供了理论依据。

4. 数据来源及样本情况

基于对黑龙江、内蒙古两省2268个从事绿色农业生产农户的实地调查数据，本章将对农户参与绿色农业融资的行为情况及农户的主要生产经营特征进行描述性分析与比较，了解农户融资所选择的形式及农户融资与否对农户生产经营结果的影响，并通过对农户经营规模、土地用途、种养品类、绿色农产品质量安全、绿色生产技术服务、绿色生产资料购买渠道、面临困难及解决方式等方面的考察，揭示农户参与绿色农业的融资行为特征。

4.1 调查设计

本研究的数据来源于笔者赴黑龙江、内蒙古两省进行实地调查之后以一手资料作为本书的写作数据，由于目前公布的统计数据难以获取农户的详细资料，本人在2014年7月至2014年12月又分别赴内蒙古、黑龙江进行调研，内蒙古自治区涉及8盟、4地级市、15县级市、17县、49旗、3自治旗，黑龙江省管辖12个地级市、1个地区、64个市辖区、18个县级市、45个县、1个自治县，经过与县政府、村委会的沟通、筛选和与农户面对面交流，挑选其中从事绿色农业生产的2268个农户，采取抽样和问卷调查的方式对他们进行调查，得到了较丰富的实证资料。所以，必须对调查问卷的规划和完成状况进行分析与总结。本节的写作内容主要是将调查问卷的对象、地区、生产等等情况进行抽样信息的汇总，并且对调查问题的构成等做出详细诠释。

4.1.1 样本区域选择

样本区域选择考虑的重点因素。样本区域的选择应当考虑以下问题：一是不同经济发展程度。样本中需要将经济发达、一般、落后三种区域都覆盖上，能够以极具代表性的样本作为参考。二是不同地形。不同地型的覆盖面。样本应具有平原、丘陵、山区、湖泊等多种地形形貌，其自然资源、农业生产条件不同，绿色农业价值链所处发展阶段有所区别。三是农产品种类的覆盖面。尽量让样本涵盖主要绿色农业种类。

根据这几个样本选择原则,本书主要对黑龙江、内蒙古进行了取样和调查,总结其点有:第一,从样本选择区域看,包括主城都市农业范围,比如,内蒙古呼和浩特市、内蒙古包头市、黑龙江哈尔滨市等,也有相对远离大城市的区域,如内蒙古科尔沁右翼前旗、黑龙江漠河等。第二,从农业生产条件看,既有内蒙古阿尔山市、黑龙江绥芬河这些典型山区农业,还包括内蒙古察尔森、额尔格图等等典型丘陵地区农业,还有较发达的松嫩平原和三江平原农业。第三,从农产品种类看,选择的样本需要将主要的农产品覆盖,不仅要有日常使用的粮食作物,还要有糖料作物、蔬菜、水果、林产品、畜禽产品、蜂产品、中药材等等。

内蒙古自治区农业发展现状。内蒙古自治区数千年来都是以游牧业为主,由于其地理位置处于内地,不能受到海洋性气候的影响,而该省份地域辽阔,对华北、东北、西北等等省份都有直接的经济与文化联系,其周边相邻省区有8个,还与俄罗斯有直接贸易口岸,在京津冀地区与沈银兰等省市之间也有直通的高速公路,其交通便捷程度给绿色食品产业的发展带来了有效动力。整个内蒙古自治区目前的耕地面积是820万公顷,人均耕地面积0.23公顷,这个数字是我国人均耕地面积的3.5倍。一直以来,内蒙古地区都凭借着河套走廊、土默川而成为我国北部重要的"谷仓"。可以说,自治区农作物品种的丰富性给了新的绿色农业发展极大动力,本书调查发现到25种植物10 266个品种,很多品种都是内蒙古地区独有的产品,比如莜麦、荞麦等等,都是地方特色浓厚的农产品类型。

黑龙江省绿色农业发展情况。由于黑龙江是我国首个绿色食品的开发省份,其绿色标准认证的农业种植面积为7004万亩,年均绿色食品产量是3413万吨。在绿色食品原料产地面积中,国家级的基地面积有5700万亩,当前已经建成15个国内驰名商标,还有地理标志产品82个,这些都是我国国内首屈一指的成绩。黑龙江地处北纬45度,是世界三大寒带的黑土带之一,享有中国粮仓的美誉。黑龙江省由于其农产品种类的多元化,在发展绿色食品产业方面具有极大的地理优势。具体说来有如下几个:一是生态优势。黑龙江农业开发程度高,工业化程度低,尤其是空气环境良好,森林覆盖面积比例达到43.6%,耕地面积广大。由于黑龙江冬季的气候干燥、寒冷,生产过程中使用的化肥以及农药量都很低，基本上也就是全国标准的50%；二是资源优势。我国耕地面积最大的省份就是黑龙江省，人均耕地面积也是全国首位，其"寒地黑土"的面积广大，是世界三大黑土带之一。由于气候变化较大，雨热同季带来的优势就是干物质积累情况良好，发展绿色食品产业潜力巨大；三是规模优势。黑龙江省已经确定的绿色农产品种植面积是7200万亩，在全国范围内占到1/5。在目前黑龙江已经建成的绿色食品原料产地中，国家级的就有144个，总面积达到5700万亩，在全国绿色食品原料生产总面积中占到50%。由于当前黑龙江绿色食品基地建设情况较好，面积平均数据在53.1万亩，有20%都是百万亩以上的基地。当前的国家级龙头企业有19家，比例在全省同类企业中是82.6%；原有的生产模式从1990年的单一原料种植，直接向着"多种类"、"深加工"方面发展。发展到今天，相关产品已经覆盖了山特产、水产、蜂产品、酒水产品等等，一共14类839个种类。截至2014年，黑龙江的绿色食品认证项目已经完成1640个，绿色有机食品企业数量是550个，全体职工人数达到19.1万人，产品总量出产在1040万吨，实现产值金额达到650亿元。并且这种龙头企业呈现出群体规划扩大化的情况，所有的销售收入达到3000万元，目前绿色食品加工的骨干企业数量也已经达到106家，产值在亿元以上的企业数量是36家。在"十二五"结束之后，黑龙江省的绿色食品种植面积有8000万亩，实物生产的总量在4100万吨，总产值达到1550亿元，与"十一五"计划结束时相比增长比例在31.6%、49.1%；使用的绿色有机食品标识数量为2100个，与"十一五"结束时相比增长比例为31.3%。在这种情况下,绿色食品产业的发展获得了资源、生态、经济等等优势，这是实施低碳经营的重要基础，也是实现绿色食品原料进入到加工环节的重要条件。黑龙江省的绿色种植业、绿色养殖业、绿色加工业的比例趋向更为合理，比如，当前已经建成的以五常为核心的绿色水稻产业带、以呼兰为核心的绿色奶牛产业带等等。同时，还有东宁县苹果梨、林口县滑子菇、穆棱市冻蘑、磨刀石小米子、牡丹江油豆角、牡丹江金红苹果等地理标志农产品。

4.1.2 调查对象

由于本研究考察农户参与绿色农业融资的基本情况及影响因素，考察农户参与绿色农业融资与否及获得融资类型的不同对农户绿色农业生产经营结果的影响。所以，本次调查主要针对进行商业经营的农户，自给的农户没有调查在内。

为了从大局上掌握微观经济策略的背景,在对农户做问卷调查的时候,还拜访了很多农户所在地区的各类主管人员。同时,为了加深对农户参加行为问题的剖析,本内容还包含对农业厅和农村农业部门相关官员的访问。

4.1.3 抽样情况

2014年7月,首先根据挑选性抽样的模式,对内蒙古、黑龙江两省的农户做了预调查,联系本地农业部门主管人员和村级干部的建议,对农户调查问卷的内容做了相应改动。2014年8月,以分层随机抽样、分阶段抽样进行综合使用,把调查地区和对象确定了下来。整个抽样过程分为五个环节:一是在全面考察地区、地形、农业要素等条件的前提下挑选县级样本;第二个环节是在与县级政府沟通了解当地绿色农业开展情况后挑选乡镇样本,在绿色农业开展较好的乡镇中使用随机挑选的方式确定2~3个样本乡镇;第三个环节是与乡镇政府沟通,确定绿色农业龙头企业签约农户、绿色农业专业合作社社员或绿色农业生产基地农户所在行政村,再随机选择2个行政村作为样本。第四个环节是与村委会沟通,根据村内农户总量和其绿色产业的经营情况随机挑选30-70个农户当作调查对象。第五个环节是走访农户,与农户进行面对面的交流,对从事绿色农业生产的农户发放问卷,了解其融资情况。实际的样本抽样分布情况如下:样本村庄40个、样本农户2268户,由于调查对象的当地政府态度、数据可得性和绿色产业经营情况不同,各地市的样本农户有所区别,样本分布情况见附录。

4.1.4 问卷生成

在充分借鉴现有研究成果的基础上,通过预调研、专家访谈和反复修改之后,完成了本研究的问卷。本次问卷为结构式,针对农户的问卷调查内容包括四个部分——第一部分:封面项目。包括农户本人的信息,访问地点和时间,还有相关调查事项以及调查人员的姓名。第二部分:农户基本信息。受访农户的姓名、年龄、学历,还有对绿色农业生产是否有信心、主要从事的工作、家庭人口、劳动力数量、家庭主要收入来源、2013年家庭总收入与总支出、绿色农业净收入占家庭收入比重。第三部分:农户本人生产情况。包括对土地规模和用途的记录,年销售额最大产品的生产情况、销售渠道和服务项目等等。第四部分:农户对绿色产业融资方式。包括农户在从事绿色生产过程中是否有融资需求，是否有融资经历、没有获得融资的原因、获得融资的额度、获得融资的渠道、选择此种融资渠道的原因、融资利率、融资期限、融资其他成本以及到达距离最近金融机构所需时间。

4.2 调查实施

4.2.1 样本调研

2014 年 8 月，根据抽样选择方法对内蒙古进行预调查。其主要过程就是对当地的基层政府农业主管人员、村集体负责人进行意见汇总，并且按照这种意见来进行调查问卷的部分问题和数据的调整。在进行调查开始之前，会对调查员的个人能力进行大规模培训，至少三次细致培训能够保证后续调查实施的顺利。2014 年 12 月，实现了对黑龙江四个县的数据汇总。展开调查之前可以根据当地农业部门的意见，来共同制定对调查对象的样本抽取，整个调查过程中都可能产生对基本情况的分析，所以，直接与各个样本村的村长进行了沟通，最终确定了部分调查农户。在与农户一对一的访谈过程中，可以分配给每个农户的时间基本上在 30 分钟左右。调查员会根据记录来进行问卷的填写，整个访谈都可以将农户的具体情况进行确定。如果某些农户的具体情况并不符合问卷调查项目，那么一定要及时对问卷进行调整或者是重新编写，以确保反映出黑龙江、内蒙古地区的绿色农业产业链的真实情况。

4.2.2 样本回收率及有效率

本书的这次调查主要是针对我国绿色农业生产情况，已经发放出去的问卷数量是 2268 份，回收到的实际问卷数量是 2148 份。排除存在错答漏答现象的无效问卷，本次共收回有效问卷 2016 份。其回收率为 94.7%，有效率为 88.8%。其中，呼和浩特市有效样本数量为 721 份，兴安盟有效样本数量为 426 份，哈尔滨市有效样本数量为 682 份，牡丹江市有效样本数量为 187 份。

4.3 问卷质量检验

4.3.1 信度分析

常见的信度分析法有下面几种：测验－再测验法、折半信度法、克朗巴哈 α 信度系数法。其中，克朗巴哈 α 信度系数法是最普遍的一种方法。根据本次调查的特点，和同一样本两次调查中的间隔时间的局限性，本文使用的正是这个"内部一致性系数（Cronbach's Alpha）"指标，用它来判断问卷各项内容是否是指向相同。Cronbach's Alpha 的值越高，就表示调查问卷的各项内容之间的关联性越高，其内部指向性越相同。克朗巴哈 α 系数检测叠加李克量表信度的公式如下：

$$\alpha = \frac{K}{K-1}\left(1 - \frac{\sum_{t=1}^{k} \sigma_i^2}{\sigma_t^2}\right) \quad (4-1)$$

其中：

K——问卷中问题项目数量；

σ_i^2——是第 I 题得分题内方差；

σ_t^2——得分总数方差。

本书使用的软件是 SPSS21.0，能够以变量来进行 Cronbach 技术检测，得到 Cronbach's Alpha 数据为 0.550。按照吴统雄（1984）制定的信度标准（表 4-1），可以了解本文确定的数据变量满足可信标准，有深入剖析的价值[167]。

表 4-1 信度取值范围

Cronbach 's α 取值	可信程度
Cronbach 's α ≦ 0.3	不可信
0.3 < Cronbach 's α ≦ 0.4	勉强可信
0.4 < Cronbach 's α ≦ 0.5	稍微可信
0.5 < Cronbach 's α ≦ 0.7	可信（最常见的信度范围）
0.7 < Cronbach 's α ≦ 0.9	很可信（次常见的信度范围）
0.9 < Cronbach 's α	十分可信

4.3.2 效度分析

这种分析指的就是，以检测工具、检测方法来进行精准信息的确定，按照检测对象去进行对象解析。这种问卷效度基本上会用下面三个指标来进行衡量，即内容效度、准则效度和结构效度。检测数据和要检测的内容越一致，则表明问卷效度越好；反之，则效度不佳。

内容效度：指的是问卷问题对被调查内容取样的合适程度，从而判断检测是不是在想要检测的对象领域中有相关代表价值。对内容效度衡量的具体方法有专家判断法、统计分析法、经验推测法。按照这些方法来看，本次问卷调查的设计结合了大量前人的文献研究成果，根据本次设计的内容来进行文献成果的剖析与选择，随后再根据专家意见的基础上做出相应调整。最后，对附近的有关农户做了预调查，判断这些问卷问题的真实性后做了最后调整，确定出最终的调查问卷内容。所以说，本次问卷设计的内容效度比较高，可以满足本次调查的使用要求。

准则效度：也称之为预测效度。它指的是调查问卷中得到的内容和挑选的变量的值相比较是不是具有意义。按照时间跨度的区别，这一要素可以被划分为同时效度或者预测效度。给这个效度进行分析的凭据就是以特定理论来确定的选择方式，根据剖析方式、准则关系、指标要素等等来进行确定。假如二者关联明显，或者问卷问题各项取得存在区别，特征之间的差异非常明显，则说明有效问题存在。但是这方式的问题在于，缺乏统一度较高的剖析功能。

结构效度：其是指检测数据呈现出的特定结论、检测数据之间相对程度，按照研究者对结构效度的判断来说，可以得到的就是有效性最高的效度检测指标[168]。一般的效度分析都是用的常用因子解析法，本文使用的软件就是 SPSS，可以根据其因子解析项来进行具体的 KMO 和 Bartlett 方法检验，通过软件解析之后总结出的数据如下表 4-2，可以看到的取样足够度 KMO 值是 0.551>0.5，KMO 结论为检测有效；Bartlett 法的检测明显性数值区间是 0.000<0.01，可以看出关联密切度较高，说明 Bartlett 检测效果较好。因此，本书判定本次问卷属于结构效度较高。

表 4-2 KMO 和 Bartlett 的检验

取样足够度的 Kaiser-Meyer-Olkin 度量		0.551
Bartlett 的球形度检验	近似卡方	176.598
	df	78
	Sig.	0.000

4.4 样本特征描述

4.4.1 农户基本特征

1. 户主特征。户主作为农户家庭的生产者，可以对所有的家庭支出、生产行为做出合理安排，会根据家庭劳动力的能力来进行农业生产活动的处理。主要从户主的年龄、性别、学历层次、环保态度的自我评测、对待风险的态度、对绿色农业生产的信心指数等角度进行解析。

性别与年龄。受访农户中户主的平均年龄为44.3岁。户主年龄在25岁以下、26~35岁、36~45岁、46~60岁和60岁以上的分别有204户、315户、583户、683户和231户，在所有样本中所占据的比例为10.1%、15.7%、28.7%、33.9%和11.5%。其中，户主年龄介于46和60岁之间的所占比重最大；其次是介于36到45岁之间的，在样本中所占的比重达到了62.6%。在全部户主中，女性有903名，男性户主有1113名，在样本中所占的比例分别是55.2%和44.8%。在不超过35岁的户主中，女性人数多于男性；而超过36岁的户主中，男性多于女性（表4-3）。

表4-3 户主年龄与性别统计

年龄（岁）	男（户）	占比（%）	女（户）	占比（%）	总数（户）	占比（%）
25岁以下	85	4.2	119	5.9	204	10.1
26–35岁	155	7.7	160	8.0	315	15.7
36–45岁	297	14.7	286	14.1	583	28.7
46–60岁	401	19.9	282	14.0	683	33.9
60岁以上	175	8.7	56	2.8	231	11.5
合 计	1113	55.2	903	44.8	2016	100

数据来源：根据调研材料整理而得

文化程度。户主的文化程度决定于其学历层次，在被调查的样本中，有9.8%的农户表示没有接受过任何教育；16.1%的户主小学毕业；而初中、高中和大专的户主分别占48.9%、15.0%、3.2%的比例，而有7.0%的农户达到了本科学历。上述数字显示，被调查对象的文化水平整体较低，其中不及初中文化水平的户主占据了74.8%的比例。在没有接受过任何教育的户主中，女性多于男性，而有小学以上学历的户主中，男性人数多于女性（表 4-4）。

表 4-4 户主文化程度与性别统计

文化程度	男（户）	占比（%）	女（户）	占比（%）	总数（户）	占比（%）
未上学	65	3.2	133	6.6	198	9.8
小学毕业	215	10.7	105	5.2	320	16.1
初中毕业	536	26.6	455	22.5	991	48.9
高中毕业	204	10.1	99	4.9	303	15.0
大学以上	93	4.6	111	5.6	204	10.2
合计	1113	55.2	903	44.8	2016	100

数据来源：根据调研材料整理而得

环境意识的自我评价。对自己的环保意识评价的统计结果显示，仅有 5.1% 的农户觉得自己的环保意识不足，有 13.7% 的人觉得自己的环保意识尚佳，有 53.3% 的人觉得有很好的环保意识，有 37.9% 的人认为自己非常注重环境保护。环保意识和性别的关系表明，环保意识不足的被调查家庭中，女性更加不注重环保；而环保意识尚佳的被调查家庭中，男性户主更加注重环保；而在环保意识非常强烈的被调查家庭中，女性户主的环保意识更好（表 4-5）。

表 4-5 户主环境意识与性别统计

环境意识	男（户）	占比（%）	女（户）	占比（%）	总数（户）	占比（%）
不太好	46	2.3	57	2.8	103	5.1
还可以	147	7.3	129	6.4	276	13.7
比较好	667	33.1	408	20.2	1075	53.3
非常好	253	12.5	309	15.4	562	27.9
合计	1113	55.2	903	44.8	2016	100

数据来源：根据调研材料整理而得

表 4-6 户主风险态度与性别统计

风险态度	男（户）	占比（%）	女（户）	占比（%）	总数（户）	占比（%）
风险规避型	407	20.2	352	17.5	759	37.7
风险中立型	482	23.9	383	18.9	865	42.8
风险偏好型	224	11.1	168	8.4	392	19.5
合计	1113	55.2	903	44.8	2016	100

数据来源：根据调研材料整理而得

对待风险的态度。经过问卷中设计问题"同时给出三份工作（a.每个月工资2800元；b.每个月的固定工资2000元，有40%的可能每月有2000元奖金；c.每个月的工资不确定，有80%的可能性是1000元，20%的可能性是10000元）的选择"调查农户对待风险的态度统计结果显示，风险偏好型农户最少，只占19.5%，风险中立型、风险规避型农户分别为42.8%和37.7%。

对绿色农业生产的信心指数。对绿色农业的信心指数显示，被调查农户对绿色农业生产都较有信心，仅有4.0%的农户对绿色农业信心指数很低，有超过一半的农户对数色农业信心较高或很高，达到了55.1%。这与被调查农户均处于我国绿色农业生产大省、绿色农业生产开展较好有关（表4-7）。

表 4-7 户主绿色农业信心指数与性别统计

对绿色农业信心	男（户）	占比（%）	女（户）	占比（%）	总数（户）	占比（%）
很低	48	2.4	32	1.6	80	4.0
较低	143	7.1	117	5.8	260	12.9
一般	319	15.8	246	12.2	565	28.0
较高	331	16.4	298	14.8	629	31.2
很高	272	13.5	210	10.4	482	23.9
合计	1113	55.2	903	44.8	2016	100

数据来源：根据调研材料整理而得

2.家庭特征。

劳动力数量及年龄。被调查的2016个农户中超过16岁的青壮年有5846个,每户平均2.9个劳动力。其中,有1.0%的农户家中没有青壮年。85.3%的被调查农户中有2~4个青壮年劳动力。大多数家庭中有2个青壮年劳动力,在所有样本中占40.6%的比例,其中,2个以下和5个以上青壮年的农户都比较稀少。从这里可以看出,农户家中可劳动人员的数量也多是在小规模状态(图4-1)。

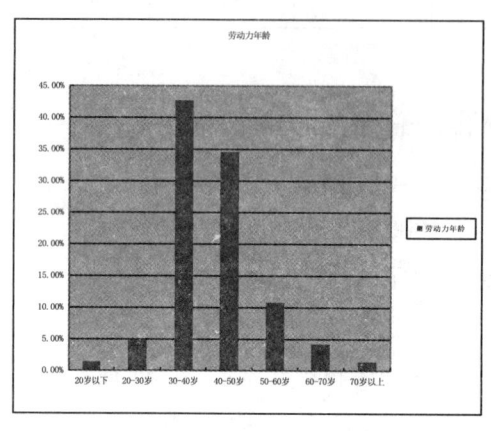

图4-1 劳动力年龄结构

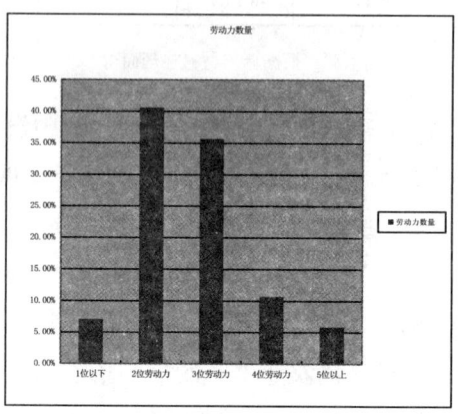

图4-2 劳动力数量

在被调查的农户中,可劳动人员的年龄介于30~50岁之间的较多。其中,平均年龄不足20岁的只有28户,在被调查用户中占据1.4%的比例。农户中可劳动成员年龄介于20~30岁、30~40岁、40~50岁、50~60岁、60~70岁和超过70岁的农户人数比例分别是:4.9%、42.7%、34.6%、10.8%、4.2%和1.4%(图4-2)。

家庭成员身份。在农村中,农业活动参与度既能够说明其家庭结构特点,又能够根据其经济水平进行集体的特点展示,还能够同时体现出农户主的运营手腕。此处经过对农户家庭职员中是不是有村干部、党员和大学生等角度做出考证,调查得知,在被调查对象中,家庭成员中有村干部的农户数量为155个,在样本中所占的比例为7.7%;而家庭中有党员身份的有319户,占受访农户总数的15.8%;20.2%的受访农户家庭成员中有大学生,共有407户(图4-3)。

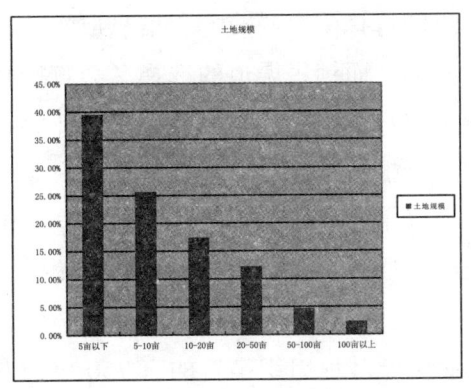

图 4-3 家庭成员身份

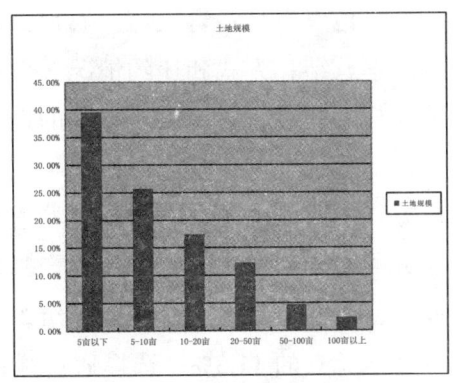

图 4-4 绿色生产类别

3. 绿色农业生产经营特征

绿色生产经营类型。绿色农业生产中农户以粮食物种植为主，其中进行粮食作物种植的农户有 1165 户，在全部被调查对象中占 57.81% 的比例。从事油料作物、糖料作物、蔬菜、水果、茶、其他的农户分别为 333 户、24 户、254 户、164 户、53 户、22 户，占受访农户总数的 16.54%、1.17%、12.62%、8.12%、2.65% 和 1.09%（图 4-4）。

绿色有机土壤规模。由于本书所调查农户为绿色农业龙头企业签约农户、绿色农业专业合作社社员农户、绿色农业生产基地农户等，所以其家庭土地均为专为绿色农业生产的绿色农业有机土壤、绿色农业园及绿色农业生产基地。从家庭经营土地的面积看，被调查农户的耕地数目有 0.5~904 亩。从统计数据中可以看出（图 4-5），土地运营面积不超过 5 亩的有 797 户农户，在样本中所占比例为 39.53%；超过 5 亩但是不足 20 亩的农户有 869 户，在样本中所占比例为 43.1%；而超过 20 亩的农户在 350 户，占样本 17.37% 的比例。

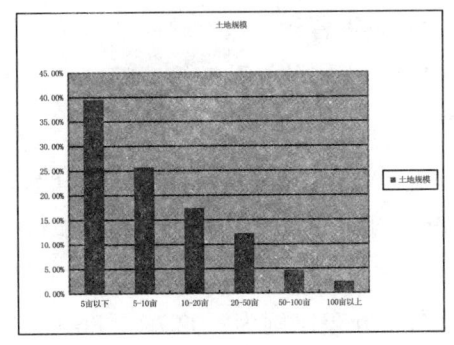

图 4-5 农户绿色有机土壤规模

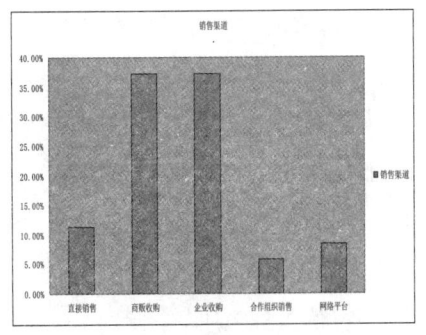

图 4-6 农户销售渠道

绿色农产品销售渠道。农户销售渠道的选择受交易成本、信息成本、谈判成本、结算方式和违约情况等多因素影响，而销售渠道的选择又会直接影响农户的产品收益。由于本书的选择样本农户均为绿色农产品龙头企业签约农户、绿色农业生产农户，其生产方式都是根据社员农户来调整绿色农业生产方式。所以说，农户对销售渠道的选择以主要有直接销售（绿色农产品市场或网络）、通过绿色农业生产基地组织、通过企业收购（绿色农业龙头企业）、通过绿色农业专业合作组织销售等。其中选择直接销售的有 228 户，占样本总数的 11.3%；选择通过绿色农业生产基地组织销售的有 750 户，占样本总数的 37.2%；选择通过企业销售的有 752 户，占样本总数的 37.3%；选择通过合作组织销售的有 117 户，占样本总数的 5.8%。通过网络平台销售的有 169 户，占样本总数的 8.38%。

表 4-8　金融机构在受访农户居住附近覆盖统计

对绿色农业信心	农户数（户）	占比（%）
农行	1954	96.9
工行	1869	92.7
建行	1742	86.4
农信社	1635	81.1
邮储银行	1903	94.4
没有	42	2.1

数据来源：根据调研材料整理而得

4. 环境特征

政策环境。本书用政府的支持态度表示其政策背景，包含政府的直接扶持和间接扶持。政府的直接支持有政府对农户绿色生产的补贴政策，间接支持政策为政策对绿色产业发展的支持资助。

金融网点分布。对被调查农户周边的金融网点服务厅的分布情况进行调查得知，农业银行的网点分布是最广的，96.9% 的农户周边可以发现农业银行；其次是邮政储蓄，其在被调查农户的周边覆盖率达到 94.4%。其次就是以工行、建行、农信社来按照等级划分，而且周边网点分布比例为：92.7%、86.4% 和 81.8%，但就算是农业银行，也有 2.1% 的农户不在覆盖范围之内（表 4-8）。

在所有的被调查农户中,有 85% 的农户表示其村内有银行网点,剩下的则表示没有。

交通是否便利。调查所在地的交通情况较好、车辆可以通行。农户使用的主要交通工具是摩托车,有此类交通工具的农户占据 59.4% 的比例。同时,有 6.6% 的农户有了自己的汽车,28.3% 的农户有自行车,只有 7.3% 的农户出门依靠步行。农户距离家最近的金融机构的营业网点的的平均耗时为 18.0 分钟。其中,有 62% 的农户到金融机构的时间在 20 分钟之内,有 8.9% 的农户耗费时间在 10 分钟之内,其余的为超过 20 分钟的农户。其中,超过一个小时路程的农户有 1.8%。(表 4-9)。

表 4-9 农户到最近的金融网点所需时间统计

到最近的金融网点所需时间(分钟)	农户数(户)	占比(%)
20 分钟以内	1229	62.0
20-30 分钟	302	15.0
30-40 分钟	403	20.0
40-60 分钟	44	2.2
60 分钟以上	36	1.8

数据来源:根据调研材料整理而得

4.4.2 农户融资特征

农户融资需求特征。

在对黑龙江、内蒙古两省从事绿色农业生产的农户的调查研究显示,从总体上看,通过农户自助模式融资的农户要明显多于其他模式,在 1403 户参与绿色农业融资的农户中,有 600 户农户选择农户自助融资模式,其比例达到 42.77%。其次是绿色农产品价值链参与主体互助模式,有 440 户选择这种模式融资,其比例为 31.36%。已有文献表明,由于价值链融资模式自身具有信息甄别机制、风险降低和偿还贷款激励机制以及抵押替代机制,从一定程度上可以缓解农户的资金短缺,本书的研究验证了这一观点。在绿色农业中,绿色农产品价值链融资解决了三分之一从事绿色农业生产农户的融资问题,但比例还是低于农户自助融资模式,说明这种模式本身还存在一定的弊端。选择互联网 P2P 融资模式的农户比例为 16.18%,说明互联网金融已经深入农村,并得到了一部分农户的接受和认可。绿色信贷模式是国家扶持和帮助农户开展绿色农业的方式,然而,在所有模式中,农户选择绿色信贷模式的比例最低,只有9.69%,甚至低于利率普遍较高的互联网金融模式。由于高门槛或时间成本高等原因,农户最终主动或被迫放弃了绿色信贷模式融资,这有违国家制定绿色信贷政策的初衷,具体原因值得我们去深思(见表4-10)。

表4-10 农户参与绿色农业融资渠道分布情况

样本地区	农户数	无融资	农户自助融资模式	价值链参与主体互助模式	互联网P2P融资模式	绿色金融模式
呼和浩特	721	219	214	157	82	49
兴安盟	426	130	126	93	48	29
哈尔滨	682	207	204	149	76	46
牡丹江	187	57	56	41	21	12
合计	2016	613(30.41%)	600(42.77%)	440(31.36%)	227(16.18%)	136(9.69%)

数据来源:根据调研材料整理而得

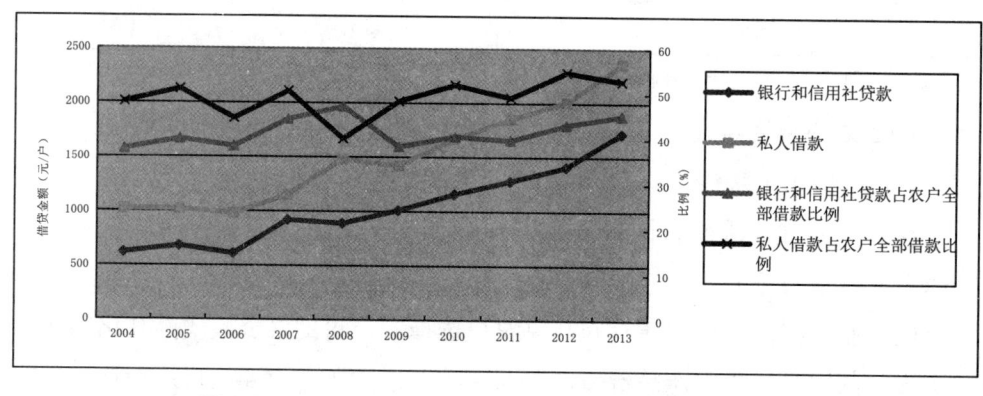

图4-7 2004-2013年全国农户融资资金主要来源情况

数据来源:根据《中国统计年鉴》、《中国金融年鉴》及全国农村固定观察点数据整理所得

绿色农业中农户融资来源的上述表现与我国过去十年农户融资来源的变化相一致。从上图4-7中可以得到如下结论:从2004年-2013年,农户对资金的需求量越来越高,而常用的融资方式为私人融资。除此之外,银行和信

用贷款也逐渐成为最主要的农户融资来源。其中：农户私人借款从2004年的1102.68元/户增加到2013年的2369.54元/户，平均每户增加1266.86元。通过银行或者信用社进行贷款的农户也由2004年的每户不足700元到了2013年的每户近2000元，每户的增幅可达1111.96元。农户融资的构成也更为丰富：首先，私人借款仍然处于不可撼动的主要地位，所占比重一直维持在40%~55%之间，长期处于明显高于银行或者信用社的融资水平；此外，农信社贷款比重也有了明显提升，并且维持着健康持续的发展，比重也由2004年的37%升到2013年的45%。需要特别关注的是，在2008年，农信社和银行的贷款比例一度超过了私人借款，这也暗含了农村正规金融的发展正在逐步被接受。

通过农户从事绿色农业融资模式与传统农业农户融资模式的对比研究发现，无论是从事绿色农业生产的农户还是一般农户，农户自助模式仍是农户融资时所广泛采用的模式。农村地区科学合理的金融供给不足，主要原因是这些地区的金融设施的缺失。另外，农村的教育水平没有达到城市的标准，所以在农户思想上更愿意接受形式简单、关系更加亲近的近邻之间的融资。

融资额度。通过对样本农户调查结果的统计分析发现：农户融资金额的分布有着一定的分散性、地域性，覆盖的范围也比较大，而且融资金额的规模一般较小，只有小部分农户的融资金额是比较大的，两极分化的趋势比较严重（4-11）。

从表4-11中可以看出，有311户农户的融资金额数值是小于1元的，所占比例高达33.4%；而融资额度在1~2万元、2~3万元、3~4万元以及超过4万元的用户数分别为226户、159户、116户以及119户，各自所占的比例分别达到24.3%、17.1%、12.5%以及12.8%。

表 4-11 农户参与绿色农业融资金额分布情况

样本地区	X<1		1≤X<2		2≤X<3		3≤X<4		X≥4	
	农户数	比例	农户数	比例	农户数	比例	农户数	比例	农户数	比例
呼和浩特	179	48.1	70	18.9	51	13.9	28	7.5	45	11.3
兴安盟	38	24.7	45	29.2	27	17.7	23	15.1	22	13.2
哈尔滨	70	22.2	75	23.6	71	22.2	59	18.7	43	13.1
牡丹江	24	28.5	36	42.8	10	11.9	6	7.1	9	9.5
合计	311	33.4	226	24.3	159	17.1	116	12.5	119	12.8

数据来源：根据调研材料整理而得

全国农村固定观察点数据显示，从 2004 年-2013 年，农户人均贷款额度有所增加，从原来的 540.18 元到 1070.23 元，涨幅比例高达 198.12%；与此同时，户均融资规模也上涨不少，达到 8.89%，从 2287.6 元到 4018.8 元。伴随着农户收入水平的增加，农户融资的频率和融资的规模均呈现上升趋势[169]。由图 4-8 可以看出，除 2009 年和 2013 年农户人均贷款额出现拐点之外，其他年份均呈现出上升趋势，农户融资规模不断扩大。

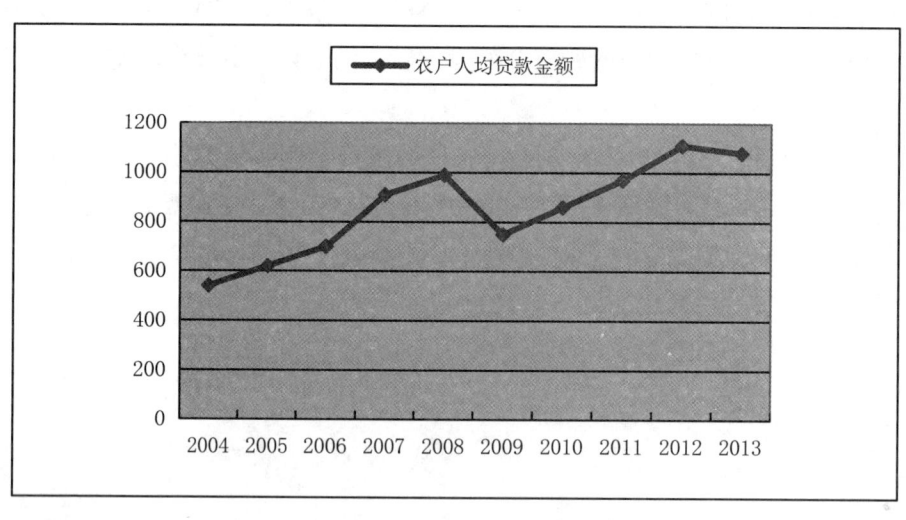

图 4-8 2004-2013 年全国农户人均融资趋势图

数据来源：根据《中闻统计年鉴》、《中国金融年鉴》及全国农村固定观察点数据整理所得

据计算可得,样本农户参与绿色农业融资额度平均值为9094.74元/户,对比全国农村固定点观察数据全国农户平均融资额为4018.8元/户,说明参与绿色农业的农户融资额度更大,融资需求更为强烈。

融资利率。目前,中国农村地区农户融资主要还是无息融资,但是与以往不同的是,有息融资正在成为一个越来越普遍、越来越常见的现象。这种现象的出现是由于在市场化经济快速发展的今天,我国农民的整体素养越来越高,农民的市场经济意识也越来越强,农户对市场化融资的方式也越来越重视[170]。统计数据显示,样本中总共涉及2016户,其中凭借无息融资和有息融资方式获得资金的用户分别为490户和446户,在整个融资资金支持农户中所占的比例分别达到52.35%和47.65%。从表4-12中可以看出,从事绿色农业的农户采用农户自助模式融资的利率最小值为零,农户可以通过农户自助模式获得无息贷款,最大值为2.5%(月息),这说明在样本中农户有选择通过"高利贷"方式解决资金紧张的问题,民间"高利贷"利率高于银行同期贷款利率4倍以上,这是农户在其他融资模式都无法获得融资的情况下最无奈的选择。在绿色农产品价值链参与主体互助模式中同样存在无息贷款形式,这主要是因为在价值链参与主体互助模式中,农户与龙头企业或供应商签订协议,农户获得融资或获得绿色生产资料之后,其最终生产出来的绿色农产品要按照合同价格或略低于市场价格出售给龙头企业或供应商,这个价格差的实质就是农户的贷款利息,只不过是换一种方法体现而已。在互联网P2P模资模式中,样本农户贷款最高利率为2%(月息),最低贷款利率为0.7%(月息)。这种模式的平均利率是四种模式中最高的,且已经达到了样本平均值的2倍。样本农户之所以选择这种高利息方式进行融资,主要是因为互联网金融模式对放贷农户的要求较低、贷款手续简单,在时间成本上要低于其他融资方式。绿色信贷模式是四种模式中利率最大值最低、利率平均值也最低的一种融资方式,国家对于绿色信贷有在基准利率基础上下浮10%的优惠政策。单从利息成本考虑,绿色信贷模式应该是样本农户选择最高的融资模式,但是在表4-12中通过绿色信贷模式获得融资的样本农户只占样本总数的9.69%,其原因主要是绿色信贷对绿色生产的农户"门槛高",要求提供的证明资料多、困难程度高,农户所付出的时间成本和其他隐性成本均高于其他融资模式,因此大部分农户都对绿色信贷模式望而却步。与传统农业生产农户相比,绿色信贷是从事绿色农业生产农户独有的融资模式，体现了国家对绿色农业的扶持和帮助。然而，绿色信贷模式对于从事绿色农业生产的农户帮助甚微、覆盖面小，即使利率再低也只是帮助了一小部分农户，起不到推动绿色农业发展的作用。

表4-12　农户参与绿色农业融资利率分布情况

样本地区	平均值	最小值	最大值
农户自助模式	0.45	0.00	2.50
价值链参与主体互助模式	0.52	0.00	0.87
P2P模式	1.25	0.70	2.00
绿色信贷模式	0.42	0.39	0.46
全部样本	0.56	0.00	2.00

数据来源：根据调研材料整理而得

融资期限。调查数据显示，大部分的农户融资期限有明确要求，这些融资中期限在一年左右的短期融资占较大部分，这主要是由于大部分农户的绿色农业生产周期在一年以内，一个生产周期以后农户就有能力偿还贷款，另一个原因是以绿色农产品价值链参与主体互助模式融资的农户，其最终生产的绿色农产品在出售后所得收入为扣除贷款后的余额，农户被动地偿还了贷款，所以其贷款期限一般不会超过一年。样本中有一部分资金的主要来源是私人融资，一般不会去硬性规定还款时间，还款时间也比较宽松。另外，样本中有一小部分农户的融资期限较长，一般为两至三年，这部分农户一般处于有机转换期，需要的资金时间较长。在所有农户样本中可以发现，其中有429户（占比30.56%）对融资期限没有非常明确的要求，相应的资金也主要源自亲戚。有明确融资期限要求的农户有974户，所占比例为69.44%。在有明确还款期限要求的农户中，有830户农户融资期限为一年期，144户融资期限为二至三年，占样本总数的10.3%。

4.4.3 农户收入支出特征

调查结果显示，2013年未融资农户、农户自助模式融资农户、价值链参与主体互助融资农户、互联网P2P融资农户以及绿色信贷农户其绿色农业总收入均值分别为26062.06元、39191.20元、65341.20元、75693.20元、77973.57

元。绿色农业支出分别为 15389.42 元、26777.10 元、31852.47 元、41971.90 元、44000.41 元。

表 4-13 农户融资效果的统计描述

农户经营效果	未融资农户	融资模式			
		农户自助模式	价值链参与主体互助模式	互联网 P2P 模式	绿色信贷融资模式
家庭总收入（元）	40182.00	51382.20	68514.30	78259.60	81954.33
绿色农业收入（元）	26062.06	39191.20	65341.20	75693.20	77973.57
家庭总支出（元）	31498.70	45462.60	51425.36	61021.70	66942.28
绿色农业支出（元）	15389.42	26777.10	31852.47	41971.90	44000.41

4.5 样本地区农户参与绿色农业融资存在的现实问题

4.5.1 农户融资需求强烈且难以得到满足

随着绿色农业现代技术的不断创新和使用，再加上农产品市场化程度的提高，促使不少农户愿意参与到绿色农业融资事业中。通过总结实地调查所得的数据可以看出，69.60% 的农户均有申请贷款的经历，仅有大约 30.40% 的农户没用发生过贷款行为。通过走访调查发现，在没有进行过融资行为的农户当中，50% 多的农户的看法是融资是较难的方式，不会轻易进行，同时极少的人数认为其自身是能够供给发展资金的。所以，农户问卷调查结果显示，想要进行融资的农户人数在总农户人数中的比重占到 85.03%，同时，很大比例的农户认为，资金缺少使得其生产经营活动在一定程度上受到了影响。而在进行融资时，65% 左右的人均认为其难度是较大的。仅有 6.75% 的农户可以获得正规金融机构的借贷，如银行、农村信用合作社，而其中约 78% 的人认为所得的资金根本无法满足正常的生产需求[171]。

4.5.2 农户从正规金融机构获得贷款比率较低

上述问卷调查中也显示出了另外一个问题，即农户融资主要通过私人融资满足。民间的融资手续较为简单，不需使用担保品与抵押品，而农户融资额较少，且具有很强的分散性，因此大多数农户只能凭借民间融资来获取资金。对农户自身而言，对正规金融机构都普遍存在不信任现象。问卷调查当中，在渠道选择方面，仅仅是9.53%的农民会挑选正规的金融机构，而90.47%的农民均会通过朋友、亲戚与民间金融机构来获得资金。总而言之，在农村应当加大对正规金融机构的宣传力度，在最终成功获取贷款的农户当中，仅有30%左右的人是通过正规金融机构进行贷款的。研究结果显示，民间金融贷款违约风险小、成本低、手续简单，所以有50%以上的农户在有融资需求时均会选择借钱或是向民间组织借贷；在选择银行机构进行贷款时，多数人会选择农村信用社。更多的正规金融机构对于农户而言形同虚设，而邮政储蓄银行"只存不贷"的方式更是在农村中被称作"抽水机"[172]。

4.5.3 农户融资综合成本较高

农户融资必然离不开融资成本，其主要指的是在整个过程中需承担的费用与利息及隐形的成本。农户在通过非正规渠道进行融资的时候，通过亲戚朋友等借款通常是没有利息的，然而相关民众反映同样需要支付"人情成本"；通过资金互助会进行融资时，成本通常通过信用社利率确定，但互助会在农村金融市场上的发育还不成熟。所以，农户要想从非金融机构获得资金就必须承担高昂的人情成本。而对于正规融资渠道来说，在整个过程中用户需要承担的费用有两种，即显性和隐性两种成本。前者主要指的是信用社产生的贷款利息。据有关调查了解可知，在信用社贷款过程中如果只需要承担贷款利息，那么用户还是愿意选择这种方式，然而事实却并非如此。在信用社贷款的同时，同样伴随有隐形的成本，也有数据表明，如果在贷款过程中用户没有做好请客送礼的工作，那么是很难获得相应贷款的[173]。

4.6 本章小结

本章首先交代了具体的农户实地调查设计情况，以及对样本的基本选择情况，重点对样本农户进行个体特征、家庭特征、生产经营特征及环境特征等方面的分析。在本章分析的基础上，第五章将运用计量经济模型对农户参与绿色农业融资需求、融资额度及融资模式选择进行严格验证并从实证角度考察农户不同融资模式的选择对收入的影响。

5. 样本地区农户参与绿色农业的融资行为实证分析

本章运用农户调查数据通过引入二元 Logistic、Ordered Probit、Multinomial Logistic 模型等计量经济模型,对样本地区农户融资行为进行较深入的计量研究,进一步剖析农户参与绿色农业的融资行为影响因素。

5.1 农户参与绿色农业的融资需求分析

本节在调查数据的基础上,比较分析不同特征农户融资需求,构建农户参与绿色农业融资需求的计量模型;接着对影响农户融资需求的因素进行理论分析与假设;然后通过二元 Logistic 回归模型验证理论分析的结果。

5.1.1 实证分析框架

本书的研究对象——农户的融资需求(即被解释变量)在受到多种因素影响时,只取有和没有两种状态:有用 1、没有用 0 来进行说明,这种情况属于无序而分类的变量,基本上普通线性回归模型并不具备适用性。但是二元 Logistic 回归分析法会根据因变量、自变量的数据类型产生变化,其原因就是这种因变量属于二分类变量,自变量能够以多种类型变量为基础。最近几年,学术界对二元 Logistic 回归模型的研究和使用已经比较完善,能够使用在本文对模型的诊断中。所以说,使用二元 logistic 回归方法(Binary Logistic Regression)是能够对本文提出的实证做出有效的研究,根据对二元 Logistic 回归模型(Binary Logistic Model)的建立,可以得到对农户融资需求影响因素的分析与总结[174]。

包含 n 个自变量的 Logistic 回归模型可以描述为:

$$\text{logit}(p) = \beta_o + \beta_1 x_1 + \beta_2 x_2 + \cdots \beta_n x_n \quad (5-1)$$

其中 $\text{logit}(p) = \ln\left[p(y_1)/p(y_0)\right]$

即 $\text{logit}(p) = \ln\left[p(y_1)/p(y_0)\right] = \beta_0 + \beta_1 x_1 + \beta_2 x_2 + \cdots + \beta_n x_n$ (5-2)

(y_1 代表有融资需要,y_0 代表没有融资需要)

等号左边部分表示的是自然对数值可以说明事件发生和不发生概率的比值,而右侧中的 x_1 到 x_n 则表示不同自变量,本文当中的影响农户融资意愿的可能性因素得到了有效说明。β_0 是常数项,所以在模型当中存在回归系数 β_1 到 β_n,这就是模型当中的估计参数。说明某个自变量出现单位数值改变的时候,就会出现事件发生和不发生概率比的对数数值变化。可见,模型当中会因为不同自变量产生对因变量影响程度以及显著性的总结。

5.1.2 变量描述

基于本书的研究目的,结合上述分析,本文将农户融资需求的影响进行了四个因素的总结:一是农户特征,即年龄、学历、环保意识、对绿色生产的信心指数等;二是农户家庭特征,包括家庭成员身份、劳动力数量及平均年龄等;三是农户生产经营特征,包括绿色生产类别、绿色有机土壤规模、销售渠道等。四是环境特征,即是否有国家政策扶持、周围金融机构的覆盖程度、相关企业数量、是否有民间融资组织等。12个解释变量的具体赋值情况见表5-1。

表 5-1 变量定义及其统计特征

变量名称	变量解释	变量取值	均值	标准差
年龄	户主年龄	连续变量(岁)	45.32	15.24
教育水平	户主文化程度	1-小学毕业,2-初中毕业,3-高中毕业,4-大专毕业,5-本科以上	2.67	0.93
风险态度	农户对风险态度	0-风险规避,1-风险中立,2-风险偏好	1.42	0.57
信心指数	绿色生产信心	1=很低,2=较低,3=一般,4=较高,5=很高	3.37	0.86
环保意识	农户对待环保的态度	1=不太好,2=还可以,3=比较好,4=非常好	3.16	0.63
人力资本	家庭成员身份	0-无,1-家中有(村干部、党员、大学生)三者占一,2-家中有(村干部、党员、大学生)三者占二,3-家中有(村干部、党员、大学生)三者全有	0.57	0.81
劳动力年龄	劳动力平均年龄	连续变量(岁)	41.03	10.59

（续表）

劳动力	每户劳动力数量	连续变量（人）	3.18	1.33
生产规模	绿色有机土壤面积	1-10亩以下，2-10-30亩，3-30-50亩，4-50-100亩，5-100亩以上	1.98	10.71
生产类别	绿色生产经营类型	0-粮食作物，1-油料作物，2-糖料作物，3-水果，4-蔬菜，5-茶，6-其他	0.82	0.77
销售方式	通过何种渠道销售	1-直接销售，2-绿色农业龙头企业，3-通过绿色农业专业合作组织，4-绿色生产基地组织	2.98	1.07
金融机构	距离最近金融机构所需时间	1-10分钟以内，2-10-30分钟，3-30-一小时，4-一小时-两小时，5-两小时以上	3.03	3.37
相关企业	相关绿色农产品收购企业数量	连续变量（个）	3.45	0.71
民间融资组织	是否有民间融资组织	1-有，2-没有	1.37	0.45
绿色生产政策扶持	是否有政府绿色生产政策扶持	1-有，2-没有	1.12	0.39

5.1.3 方法选择与计量模型

前述描述性统计分析后，借助SPSS21.0计量软件对数据进行处理，用构建的Logistic模型估计结果，可分析出，选取的13个变量中有8个变量通过了显著性检验。户主本人的年龄、家庭劳动力年龄、数量、绿色种植类型、最近金融机构路程等等，都呈现出显著性检验未通过的特征。剔除模型中对结果影响的不显著因素，重估直到留下变量均为显著因素。变量对农户融资需求具有显著影响、影响方向与预期结果基本一致，验证了前文对农户融资需求影响因素的在理论层面上的假设。影响农户融资需求因素、需求方向、影响需求程度的因素，如下表5-2所示。

表 5-2 农户参与绿色农业融资需求影响因素的模型回归结果

变量名称	预期作用方向	B	S.E.	Wald	df	Sig.	Exp（B）
教育水平 Ed	+	0.259**	0.354	5.843	1	0.313	0.357
风险态度 Ri	+	0.645**	0.160	16.282	1	0.029	1.906
环保意识 En	+	0.327***	0.263	10.568	1	0.000	4.869
信心指数 Con	+	0.269***	0.921	4.267	1	0.000	8.121
人力资本 Hu	+	0.281***	0.295	8.415	1	0.000	1.856
绿色有机土壤规模 La	+	0.263**	0.527	0.249	1	0.618	1.301
销售方式 Sa	+	2.118***	1.205	3.089	1	0.039	8.314
附近有金融机构	−	0.588**	0.527	2.284	1	0.000	8.950
Constant		−3.753	2.313	2.633	1	0.105	0.023

Chi-square（χ2）=79.320.126，Sig=0.000；

−2Log likelihood=112.928，Cox & Snell R Square=0.433，Nagelkerke R Square=0.579；Hosmer-Lemesho 检验 Chi-square=10.760，Sig=0.216

注：*，** 与 *** 分别表示通过水平为 10%、5% 与 1% 的显著性检验。

代入各参数的标定值，得到农户融资需求的影响因素 Logistic 回归模型：

$$\operatorname{logit}(p) = 0.259Ed + 0.645Ri + 0.327En + 0.269Con \\ + 0.281Hu + 0.263La + 2.118Sa - 3.753 \quad (5-3)$$

经过对这些统计结果的参数分析之后，可以对变量进行有效性的筛选，其中有 8 个自变量可以对农户融资需求产生直接影响，在统计结果当中能够将不同变量系数绝对值进行模型分析，展现出其对模型结果的影响情况。根据表 5-2 中也能够看出，当绝对值增加的时候变量的改变会对金融需求产生更明显的影响，所以说，这种估计因素会按照影响程度进行排列，影响程度从大到小分别是：农户营销模式、农户所处区域存在的金融机构、风险态度、环保意识、人力资本、信心指数、绿色有机土壤规模、受教育水平。

5.1.4 模型估计结果

通过对表5-2的分析，可以得出以下结论：

1. 在户主特征因素的自变量中，由于不同的群体对风险偏好并不相同，当出现1%的统计检验水平时，会呈现出正向的符号特征。可见，具有冒险精神的农户会更有融资需求。绿色农业的投入需求更大，比一般农业生产更有科学性、综合性。所以说，风险偏好较高的农户具有融资需求的可能性更高。农户的环境保护意识在5%的显著性水平上对农户融资需求存在显著性影响，即农户环保意识越强，就越有意愿参与环保型农业活动、越有可能通过融资扩大绿色农业生产。信心指数在1%的显著性水平上对农户融资需求存在显著影响。

2. 农户家庭因素的自变量中，人力资本变量在1%统计检验水平下，也能够呈现出符号为正的显著效果。说明在家庭成员中有党员、村干部、大学生对于农户融资需求来说具有显著影响。土地规模在5%的水平上显著，说明农户绿色生产的土地规模越大，农户融资需求越强烈，这与我们之前的分析结论相一致。

3. 农户生产经营因素的自变量中，农户的销售渠道在1%的水平上显著。这主要是由于农户经过不同的销售渠道销售产品，其销售价格、销售利润都会有所不同，这些因素会导致农户经营决策、融资决策的改变。

4. 农户所处环境因素的自变量中，农户居住附近有金融机构覆盖在5%的水平上显著，说明金融机构的覆盖会增大农户的融资需求。

5.2 农户参与绿色农业的融资额度分析

本节在调查数据的基础上，比较分析不同特征农户融资额度，构建了农户参与绿色农业融资额度模型。并进一步在理论上分析影响农户融资额度的因素，然后用Ordered Probit模型验证理论分析结果。

5.2.1 实证分析框架

假设是隐含的未观测到的因变量，为农户参与绿色农业融资额度的数量，赋值设为0-3：0为5000元融资额度，1为5000-10000元融资额度，2为10000-50000元融资额度，3为50000元以上融资额度。

由于该因变量多元排序且不连续，所以将 Y 作为解释向量 X 服从正态分布的扰动项线性组合。根据模型设定的具体方法来看，使用的模型就是 Ordered Probit 模型，比其他模型可以提供更准确的分析各影响因素与解释变量之间的影响关系[175]。计算潜变量的结果是由下式计算的：

$$y^* \leq \alpha_1, \quad y^* = X\beta + \varepsilon$$

$$\cdot \begin{cases} 0 & 若 y^* \leq \alpha_1 \\ 1 & 若 \alpha_1 < y^* \leq \alpha_2 \\ 2 & 若 \alpha_2 < y^* \leq \alpha_3 \\ 3 & 若 y^* > \alpha_3 \end{cases} \quad （5-4）$$

5.2.2 变量描述

基于本文的研究目的，结合上述分析，本文将农户融资需求的影响进行了四个因素的总结：一是农户特征，即年龄、学历、环保意识、对绿色生产的信心指数等；二是农户家庭特征，包括家庭成员身份、劳动力数量及平均年龄等；三是农户生产经营特征，包括绿色生产类别、绿色有机土壤规模、销售渠道等。四是环境特征，即是否有国家政策扶持、周围金融机构的覆盖程度、相关企业数量、是否有民间融资组织等。14 个解释变量的具体赋值情况见表 5-3。

表 5-3　变量定义及其统计特征

变量名称	变量解释	变量取值	均值	标准差
年龄	户主年龄	连续变量（岁）	45.32	15.24
教育水平	户主文化程度	1- 未上学，2- 小学毕业，3- 初中毕业，4- 高中毕业，5- 大专毕业，6- 本科以上	3.67	0.93
风险态度	农户对风险态度	0- 风险规避，1- 风险中立，2- 风险偏好	1.42	0.57
信心指数	绿色生产信心	1= 很低，2= 较低，3= 一般，4= 较高，5= 很高	3.37	0.86
环保意识	农户对待环保的态度	1= 不太好，2= 还可以，3= 比较好，4= 非常好	3.16	0.63

人力资本	家庭成员身份	0- 无，1- 家中有（村干部、党员、大学生）三者占一，2- 家中有（村干部、党员、大学生）三者占二，3- 家中有（村干部、党员、大学生）三者全占	0.57	0.81
劳动力年龄	劳动力平均年龄	连续变量（岁）	41.03	10.59
劳动力	每户劳动力数量	连续变量（人）	3.18	1.33
生产规模	绿色有机土壤面积	连续变量（亩）	10.94	5.71
生产类别	绿色农作物类型	0- 粮食作物，1- 油料作物，2- 糖料作物，3- 水果，4- 蔬菜，5- 茶，6- 其他	0.82	0.77
销售方式	通过何种渠道销售	1- 直接销售，2- 通过绿色农业龙头企业，3- 通过绿色农业专业合作组织，4- 绿色农业基地组织	2.48	1.07
金融机构	距离最近金融机构所需时间	连续变量（分钟）	18.03	10.37
相关企业	相关绿色农产品收购企业数量	连续变量（个）	3.45	0.71
民间融资组织	是否有民间融资组织	1- 有，2- 没有	1.37	0.45
绿色生产政策扶持	是否有政府绿色生产政策扶持	1- 有，2- 没有	1.12	0.39

5.2.3 方法选择与计量模型

根据 Ordered Probit 理论，建立农户参与绿色农业融资额度的预测模型。模型的选择枝设定为：1 为 5000 元以下融资额度，2 为 5000~10000 元融资额度，3 为 10000~50000 元融资额度，4 为 50000 元以上融资额度。在建模环境能够根据表 5-3 的变量值进行模型解释，并且分析相关经验值参数的筛选。Stata 软件中 Oprobit 执行命令过程中可以对参数标定进行确定，如表 5-4。

表 5-4 农户融资额度影响因素的模型参数标定结果

变量名称	预期作用方向	全部变量		筛选变量		自变量的边际贡献			
		参数估计值	t检验值	参数估计值	t检验值	对选择枝1的影响	对选择枝2的影响	对选择枝3的影响	对选择枝4的影响
户主年龄	+	0.26	2.19*						
教育水平 Ed	+	0.58	1.51*	1.11	1.7**	0.10	0.25	0.23	0.52
人力资本 Pr	+/-	0.39	2.08*	0.27	0.25*	0.23	0.08	0.06	0.12
风险态度 Rp	+/-	-0.37	-1.52**	-1.31	0.58*	-0.11	-0.10	0.47	0.81
信心指数 De	+/-	0.25	0.82**	-1.62	0.87**	-0.07	0.12	0.18	0.15
劳动力投入	+	0.05	0.27*						
劳动力年龄	+	0.76	1.31						
绿色有机土壤规模 Pro	+	0.04	0.20*	1.03	1.92*	-0.06	0.13	0.26	0.29
生产类别	+/-	-0.19	-1.6						
销售方式	-	-0.95	-2.49						
相关绿色农业企业数量 En	+	0.13	1.87***	1.76	2.11***	0.05	0.24	0.13	0.19
金融机构 Ba	-	-0.10	1.83***	-0.47	1.24**	-0.10	-0.13	-0.23	0.42
民间融资组织 Ci	+	0.12	2.76***	0.58	0.57*	0.25	0.28	-0.11	-0.06

（续表）

绿色生产政策 Po	+	0.08	2.81***	2.25	2.28***	0.37	0.41	0.48	0.42
α_1		−1.50							
α_2		1.47							
α_3		2.27							

$LRx^2(15) = 84.81; Prob > x^2 = 0.0000; Log\ likelihood = -1997.8564; Pseudo\ R^2 = 0.0208;$ 命中率=84.65%

注：* 代表显著性检验水平 =1%，** 代表显著性检验水平 =5%，*** 代表显著性检验水平 =10%。

代入各参数的标定值，得到农户参与绿色农业融资额度模式预测 Ordered Probit 模型：

$$\begin{cases} y^* = 1.11ed + 0.27pr - 1.31rp - 1.62de + 1.03pro + 1.76en - 0.47ba + 0.58ci + 2.25po \\ y = \begin{cases} 0, y^* \leq -1.50 \\ 1, -1.50 < y^* \leq 1.47 \\ 2, 1.47 < y^* \leq 2.27 \\ 3, y^* > 2.27 \end{cases} \end{cases} \quad (5-7)$$

5.2.4 模型估计结果

根据自变量的数据和系数，来将农户参与绿色农业产业链、价值模式的影响方式选择，实施程度大小的判断，可以通过公式（5-3）来进行边际贡献值的确定，具体计算结果在表 5-4 中。通过这些结果可以看出，这些模型可以总结出如下四个变量对农户融资需求度的影响情况。其具体结果分析如下：

1. 户主特征因素的自变量中，变量户主教育水平对农户融资额度的影响较大，提供的边际贡献参数符号、经验预期的变化等都呈现出一致的变化方向。当农户受教育程度提高时，其融资额度为 5000 元以下、5000~10000 元、10000~50000 元、50000 元以上，比农户受教育程度低时分别上升 10%、25%、23%、52%。农户教育程度提高时融资额度会随之增加。

变量人力资本对 5000 元以下融资额度的影响明显，这种贡献参数符号、经验预期的一致性曲线相匹配。当农户家中有党员、村干部、大学生时，其融资额度为 5000 元以下、5000~10000 元、10000~50000 元、50000 元以上比农户家中人力资本值低时分别上升 23%、8%、6%、12%。

变量风险态度对融资额度的影响情况明显，当农户风险态度由规避转为偏好时，其对 5000 元以下、5000~10000 元融资额度影响为负，分别为下降 11% 和 10%。其对融资额度为 10000~50000 元、50000 元以上融资额度影响为正，分别上升 47%、81%。

变量信心指数边际贡献参数的符号与凭经验判断所得的预期影响方向不一致。当农户信心指数提升时，其对 5000 元以下融资额度影响为负，下降 7%。其对融资额度为 5000~10000 元、10000~50000 元、50000 元以上融资额度影响为正，分别上升 12%、18%、15%。

2. 生产经营特征因素的自变量中，变量绿色有机土壤规模对农户融资额度的影响效果显著。当绿色有机土壤规模数量增大时，其融资额度为 5000 元以下、5000~10000 元、10000~50000 元、50000 元以上比农户绿色有机土壤规模低时分别上升 6%、13%、16%、29%。

3. 环境特征因素的自变量中，变量相关绿色龙头企业数量对农户融资额度的影响效果明显，边际贡献参数的符号与凭经验判断所得的预期影响方向相同。当农户相关收购绿色农产品企业数量增大时，其融资额度为 5000 元以下、5000~10000 元、10000~50000 元、50000 元以上比相关企业数量少时分别上升 5%、24%、13%、19%。相关企业数量增多时融资额度会随之增加。

变量金融机构离农户距离对农户融资额度的影响状态明显，边际贡献参数的符号与凭经验判断所得的预期影响方向相同。而当金融机构离农户距离越远时，其融资额度为 5000 元以下、5000~10000 元、10000~50000 元、50000 元以上比金融机构离农户距离近时分别下降 10%、13%、23%、42%。金融机构离农户距离近时融资额度会随之增加。

变量民间融资组织对农户融资额度的影响程度高，边际贡献参数的符号与凭经验判断所得的预期影响方向相同。而当农户附近有民间融资组织时，其融资额度为 5000 元以下、5000~10000 元、10000~50000 元、50000 元以上，比相关企业数量少时分别上升 25%、28%、11%、6%。有民间融资组织时融资额度会随之增加。

变量政策扶持对农户融资额度的影响结果非常明确。边际贡献参数的符号与凭经验判断所得的预期影响方向相同。享有国家绿色农业生产扶持政策的农户，其融资额度为 5000 元以下、5000~10000 元、10000~50000 元、50000 元以上，比没享受国家扶持政策的农户分别高 37%、41%、48%、42%。可见国家对绿色农业的扶持政策对农户融资具有激励作用。

5.3 农户参与绿色农业的融资模式分析

本节首先构建在金融机构、网络平台、龙头企业或其他价值链参与主体愿意为农户提供绿色农业价值链融资的前提下，农户参与绿色农业价值链融资行为选择的计量模型；接着对影响农户价值链融资模式选择行为的因素进行理论分析与假设；然后通过 Multinomial Logistic 模型验证理论分析的结果。

5.3.1 实证分析框架

农户选择不同类型的融资模式，这是一个多项无序选择的问题，Multinomial Logistic 模型在对这类问题的解决及处理上，被认为是其中最好的模型。Multinomial Logistic 模型适合于这类特例，即因变量为分类变量，且分类数在 2 之上情况，其是离散选择模型的特例。因此，该模型适合于研究按照效用最大化原则所进行的选择行为的分析。如果因变量有 N 个水平，除一个对照水平外，则每一分类与对照水平作对比，拟合 N 个广义的 Logit 模型。例如，因变量有 e、f、g 三个水平，如果以 e 为参照水平，就可以得到两个 Logit，一个是 f 与 e 相比，另一个是 g 与 e 相比[176]，即：

$$LogitP_e = \ln \frac{P_e}{P_e} = \ln 1 = 0 \quad (5-8)$$

$$LogitP_f = \ln \frac{P(Y=f/x)}{P(Y=e/x)} = \beta_f + \beta_1 x_1 + \beta_2 x_2 + \Lambda + \beta_{1p} x_p \quad (5-9)$$

$$LogitP_g = \ln \frac{p(Y=g/x)}{P(Y=f/x)} = \beta_g + \beta_1 x_1 + \beta_2 x_2 + \Lambda + \beta_{2p} x_p \quad (5-10)$$

同时应该有 $p_e + p_f + p_g = 1$ （5-11）

可以看出，$y=e$ 成为了 f 和 g 的共同参照组，如果希望对 f 和 g 进行较为细致的了解，则可以直接将式（5-9）与式（5-10）进行相减，就可以获得相应的函数。

根据对前文进行分析得知，农户选择不同类型的融资模式，是户主方面的特征、家庭特征、生产经营特征、环境特征的一个函数。给定农户可选择的融资模式共有（J+1）项（J≥1），构建 Multinomial Logistic 模型，估计农户选择不同类型融资模式的变量影响，如何影响第 i 个农户，则做出第 j 种类别选择的概率。具体的模型形式如 5-9 式所示：

$$P_{ij} = \frac{e^{\beta_i X_j}}{\sum_{i=0}^{I} e^{\beta_i X_j}} \quad ; \text{ i=0，1，……I；j=1，2，……J；} \quad (5-12)$$

其中在上式中，I 代表的是样本容量，J 则用来表示融资模式的类型，Xj 代表的是影响农户选择融资模式的解释变量。在该模型中，将最传统的农户自助模式，作为参照组，基于获取相对于农户选择农户自助融资模式层面上来说，对农户选择不同类型融资模式的情况进行体现。基于此，如表 5-7，j=1、2、3，分别表示的是农户选择价值链参与主体互助模式、互联网 P2P 模式、绿色信贷模式。

5.3.2 变量描述

变量具体说明及统计描述如表 5-5、5-6 所示。

表 5-5　模型选取变量定义及取值设定

变量名称	变量解释	变量取值
年龄	户主年龄	连续变量（岁）
教育水平	户主文化程度	1-未上学，2-小学毕业，3-初中毕业，4-高中毕业，5-大专毕业，6-本科以上
风险态度	农户对风险态度	0-风险规避，1-风险中立，2-风险偏好
信心指数	绿色生产信心	1=很低，2=较低，3=一般，4=较高，5=很高
环保意识	农户对待环保的态度	1=不太好，2=还可以，3=比较好，4=非常好
人力资本	家庭成员身份	0-无，1-家中有村干部、党员、大学生三者之一，2-家中有村干部、党员、大学生三者之二，3-家中有村干部、党员、大学生

(续表)

劳动力年龄	劳动力平均年龄	连续变量（岁）
劳动力	每户劳动力数量	连续变量（人）
生产规模	绿色有机土壤规模面积	连续变量（亩）
生产类别	生产经营类型	0-粮食作物，1-油料作物，2-糖料作物，3-水果，4-蔬菜，5-茶，6-其他
销售方式	通过何种模式销售	1-直接销售，2-通过网络平台，3-通过企业，4-通过合作组织
金融机构	距离最近金融机构所需时间	连续变量（分钟）
相关企业	相关农产品收购企业数量	连续变量（个）
民间融资组织	是否有民间融资组织	1-有，2-没有
绿色政策扶持	是否有绿色生产政策扶持	1-有，2-没有

表5-6 模型变量的描述性统计分析

变量名称	最大值	最小值	均值	标准差
年龄	65.00	22.00	45.32	15.24
教育水平	6.00	2.00	3.67	0.93
风险态度	2.00	.00	1.42	0.57
信心指数	4.00	2.00	3.37	0.86
环保意识	4.00	2.00	3.16	0.63
人力资本	3.00	.00	0.57	0.81
劳动力年龄	65.00	18.00	41.03	10.59
劳动力	4.00	2.00	3.18	1.33
生产规模	50.00	1.50	10.94	5.71
生产类别	6.00	.00	0.82	0.77
销售方式	4.00	1.00	2.48	1.07

（续表）

金融机构	60.00	10.00	18.03	10.37
相关企业	10.00	.00	3.45	0.71
民间融资组织	2.00	1.00	1.37	0.45
绿色生产政策扶持	2.00	1.00	1.12	0.39

5.3.3 方法选择与计量模型

前述分析可得出户主特征、家庭特征、生产经营特征、环境特征对于农户融资模式的选择的确存在差异。深化进行计量经济分析，是为了验证在保持其他条件不变的这个前提之下，这些因素的存在是否会对农户选择不同融资模式产生影响、主要在哪些方面产生影响、在多大程度上能通过统计检验。在数据的处理上，借助 SPSS21.0 计量软件进行处理。通过对前文构建的 Multinomial Logistic 模型所进行的估计，从模型结果这个层面来看，除了模型的拟合情况之外，还有解释变量，均通过统计检验，大部分变量对农户选择不同类型的融资模式都具有显著影响，且在影响方向上与预期结果基本相同，前文的理论假设获得了验证，具体见表 5-6 所示。

5.3.4 模型估计结果

表 5-7 农户参与绿色农业融资模式影响因素的模型参数标定结果

	Y=1	Y=2	Y=3
	价值链参与主体互助模式	互联网 P2P 模式	绿色信贷模式
常数项	-0.61（1.028）	-2.79***（0.78）	0.97（0.80）
教育水平	0.02**（0.01）	0.02***（0.01）	0.01**（0.01）
风险态度	0.07**（0.02）	-1.07**（0.92）	0.57*（0.02）
绿色生产信心指数	0.92（0.69）	1.91***（0.51）	0.49（0.54）
绿色环保意识	2.04**（0.95）	2.01**（0.77）	1.03***（0.68）
人力资本	0.21（0.71）	0.48（0.57）	3.47***（0.13）
劳动力	0.06（0.04）	0.07**（0.03）	0.11**（0.04）

（续表）

绿色有机土壤规模	0.21***（0.01）	0.31***（0.01）	0.42***（0.01）
销售方式	2.26***（0.63）	1.29（.570）	1.93***（0.66）
金融机构	-1.02***（0.52）	-1.12***（0.46）	1.47***（0.01）
绿色政策扶持	0.62***（0.39）	0.41***（0.71）	0.69***（0.44）

伪 R2 Cox 和 Snell；0.538；Nagelkerke；0.575；McFadden；0.281

注：*，** 与 *** 分别表示通过水平为 10%、5% 与 1% 的显著性检验；回归的参考类别是 Y=0，即农户自助融资模式。

通过对表 5-7 的分析，可得出以下结论：

1. 户主特征因素的自变量中，户主教育水平因素 t 检验值表明教育水平因素对于价值链参与主体互助模式和互联网 P2P 模式分别在 5% 和 1% 的水平上对于农户融资模式存在显著影响，相对于农户自助模式，在教育水平提高的情况下，农户参与价值链融资模式和互联网 P2P 模式的意愿更强烈。而对于绿色信贷融资模式影响不显著。风险态度 t 检验值表明，相对于农户自助融资模式，风险态度因素对于农户选择价值链参与主体互助模式、互联网 P2P 模式和绿色信贷模式都具有显著负向影响，分别在 5%、1%、10% 水平上显著。说明越是风险规避型农户，越是远离互联网 P2P 融资模式。信心指数 t 检验值表明，相对于农户自助融资模式，对绿色农业的信心指数因素对于农户选择价值链参与主体互助模式、绿色信贷模式均不具有显著负影响，而对于互联网 P2P 模式在 1% 水平上显著。户主环境意识 t 检验值表明，相对于农户自助融资模式，户主环境意识因素对于农户选择价值链参与主体互助模式、互联网 P2P 模式和绿色信贷模式都具有显著负向影响，分别在 5%、5%、1% 水平上显著。

2. 家庭特征因素的自变量中，人力资本因素 t 检验值表明，相对于农户自助融资模式，人力资本因素对于农户选择价值链参与主体互助模式和互联网 P2P 模式均不具有显著负影响，而对于绿色信贷模式 1% 水平上显著，说明农户家庭成员当中有党员、村干部、大学生等成员更容易获得绿色信贷的支持。劳动力投入因素 t 检验值表明，相对于农户自助融资模式，农户劳动力投入越多对于农户选择互联网 P2P 模式和绿色信贷模式影响越显著，分别在 5%、5% 水平上显著。

3. 生产经营特征因素的自变量中，绿色有机土壤规模因素 t 检验值表明，相对于农户自助融资模式，绿色有机土壤规模因素对于农户选择价值链参与主体互助模式、互联网 P2P 模式、绿色信贷模式均具有显著正向影响，且都在 1% 水平上显著，说明农户生产规模越大，更容易获得各种融资模式的支持，尤其以绿色信贷模式最为显著，这也体现了政府对于农户适度规模经营的扶持政策。销售方式因素 t 检验值表明，相对于农户自助融资模式，销售方式因素对于农户选择价值链参与主体互助模式和绿色信贷模式都具有显著正向影响，且均在 1% 水平上显著，而对于互联网 P2P 模式的影响不显著。

4. 环境特征因素的自变量中，农户距离金融机构的时间因素 t 检验值表明，相对于农户自助融资模式，农户年龄因素对于农户选择价值链参与主体互助模式、互联网 P2P 模式具有显著负向影响，对于绿色信贷模式具有显著正向影响，且都在 1% 水平上显著。国家绿色生产扶持政策 t 检验值表明，相对于农户自助融资模式，国家绿色生产扶持政策因素对于农户选择价值链参与主体互助模式、互联网 P2P 模式和绿色信贷模式都具有显著正向影响，且都在 1% 水平上显著，说明国家的绿色生产扶持政策对于农户扩大规模，加大绿色农业投入具有较好的促进作用。

5.4 农户参与绿色农业的融资效果分析

本节在调查数据的基础上，比较分析了不同农户融资模式对农户经营效果的影响，采用"倾向得分匹配"方法（PSM）对农户采用不同融资模式的经营效果进行研究；获得倾向得分 PS 值后，分别使用最近邻匹配法、半径匹配法以及核匹配法获得 ATT 值，以解决连续变量无法实现激励组和控制组样本之间的匹配问题，从而估计出对应的平均激励效果。

5.4.1 实证分析框架

本书采用"倾向得分匹配"方法（PSM）对农户参与绿色农业选择不同融资模式的经营效果进行研究。首先对农户进行调查，了解其是否参与了某种融资模式，并把样本农户进行分类，也就是分为两类，其中的一种类型是激励组，包括：1. 一型农户，2. 二型农户，3. 三型农户，4. 四型农户。另外一类是控制组，包括未参与融资的农户。PSM 通过一些特殊的方法，把多个特征浓缩成一个指标，也就是倾向得分值（propensity score，简称 PS 值），实现多元匹配，且找到与激励组尽量相似的控制组,以便于降低样本选择出现偏误的现象[177]。

"倾向得分"指的是在给定样本特征情况之下,某个农户在进行某种融资模式的选择时,其所具有的条件概率,即为:

$$P(X) = \Pr[D=1|X] = E[D|X] \quad (5-13)$$

其中在该式中,D 表示的是指标函数,如果生产者主要采用这种方法进行融资,则 $D=1$,否则 $D=0$。基于此,在第 i 个生产者方面,假设其倾向得分为 $p(X_i)$ 是已知的,则其以该种融资为主的平均处理,在效果上为:

$$ATT = E[Y_{1i} - Y_{0i}|D_i = 1] = E\{E[Y_{1i} - Y_{0i}|D_i = 1, p(X_i)]\}$$
$$= E\{E[Y_{1i}|D_i = 1, P(X_i)] - E[Y_{0i}|D_i = 0, P(X_i)]D_i = 1\} \quad (5-14)$$

其中,Y_{1i} 表示同一个生产者以该种融资为主下的具体绩效,Y_{0i} 表示的是同一个生产者不以该种为主这种情况下的绩效。通过实证分析得知,倾向得分具有不可观测性,通常需要采用 Logit 或 Probit 等概率模型对其进行估计。

本文通过 Logit 模型,获取倾向得分,其基本步骤可概括为(Dehejia and Wahba, 2002):

$$P(X_i) = \Pr(D_i = 1|X_i) = \frac{\exp(\beta X_i)}{1 + \exp(\beta X_i)} \quad (5-15)$$

其中,exp(βX$_i$)/[1+exp(βX$_i$)] 表示的是逻辑分布的这个累积分布函数,X$_i$ 是特征变量构成的向量(具体见表 6-12),β 指的是相应的参数向量。通过式(5-15)可获得农户选择融资模式的概率值,也就是 PS 值。之后,把样本农户等分为 K 组,在本文中,取 K=5。在每个细分组之中,分别对激励组及控制组的平均 PS 值进行计算,并对二者之间是否存在这种显著差异进行验证。如果存在这种差异,则需要再次细分组别,并重新进行验证,一直到每个细分组中其激励组和控制组的平均 PS 值均都相等。

而在获得倾向得分 PS 值之后,分别使用这些方法获取 ATT 值,这些方法为:1. 最近邻匹配法(Nearest NeighborMatching),2. 半径匹配法(Rabius Matching),3. 核匹配法(Kernel Matching),以便解决连续变量 P(X) 无法实现激励组和控制组样本之间的匹配问题，在此基础上估计出平均激励效果 ATT。

在对平均激励效果 ATT 进行统计推断的过程中，为了获得相关统计量的标准误，本文采用自抽样法（Bootstrap）进行获取，也就是从传统样本中可重复地随机抽取 n 个观察值，并对其平均激励效果 ATT 进行计算；重复进行 K 次（本文中其 K=500），之后获得平均激励效果 ATT 的 K 个统计量，并对其标准差进行计算，就可以得到传统样本 ATT 统计量的标准误，这样可以克服潜在的小样本偏误对结论的影响。

5.4.2 变量描述

本章选取了农户收入、支出二类指标作为依据，对比未融资农户与以农户自助型融资为主农户（以下简称为一型农户）、以价值链主体互助型为主融资农户（以下简称为二型农户）、以互联网 P2P 型为主融资农户（以下简称为三型农户）、以绿色金融型为主融资农户（以下简称为四型农户）这四种融资农户生产经营效果的异同。在收入指标中选择了家庭总收入和绿色农业收入，支出指标选择了家庭总支出和绿色农业支出。

1. 一型融资农户的经营效果。表 5-8 是一型农户与未融资农户经营效果对比。参与一型农户组 600 户农户的各项指标稍高于未融资组农户。一型组农户家庭总收入的均值为 51382.2 元，比未融资农户高 27.87%。农业收入均值为 39191.2 元，比未融资农户高 50.37%；家庭总支出均值为 45462.6 元，比未未融资农户家庭总支出高 44.33%；农业支出均值为 26777.1 元，比未融资农户高 56.7%。通过对各项指标与一型农户融资行为进行 T 检验可知，参与一型融资行为与农户收入、支出和等指标均显著相关。其中，家庭总收入与其在 1% 的水平上显著相关，农业收入和农业支出指标与其在 5% 的水平上显著相关，家庭总支出指标与其在 10% 的水平上显著相关。

表 5-8 一型农户经营效果指标比较

主要指标	未融资（613 户）		一型（600 户）		均值差异的 T 检验	
	均值	标准差	均值	标准差	T 检验	Sig.
家庭总收入（元）	40182.00	2773.23	51382.20	3659.10	−2.60***	0.003
绿色农业收入（元）	26062.06	2626.10	39191.20	3331.80	−2.30**	0.037
家庭总支出（元）	31498.70	2340.99	45462.60	3460.40	−1.79*	0.088
绿色农业支出（元）	15389.42	2123.44	26777.10	2765.40	−2.09**	0.041

2. 二型融资农户的经营效果。表 5-9 是二型农户与未融资农户经营效果对比。参与二型农户组 440 户农户的各项指标高于未融资组农户。二型组农户家庭总收入的均值为 68514.30 元，比未融资农户高 70.51%。农业收入均值为 65341.20 元，比未融资农户高 150.71%；家庭总支出均值为 51425.36 元，比未融资农户家庭总支出高 63.26%；农业支出均值为 31852.47 元，比未融资农户高 106.98%；通过对各项指标与二型农户融资行为进行 T 检验可知，参与二型融资行为与农户收入、支出指标均显著相关。其中，家庭总收入与其在 1% 的水平上显著相关，农业收入和农业支出指标与其在 5% 的水平上显著相关，家庭总支出指标与其在 10% 的水平上显著相关。

表 5-9 二型农户经营效果指标比较

主要指标	未融资（613 户）		二型（440 户）		均值差异的 T 检验	
	均值	标准差	均值	标准差	T 检验	Sig.
家庭总收入（元）	40182.00	2773.23	68514.30	5526.31	−3.64***	0.000
绿色农业收入（元）	26062.06	2626.10	65341.20	5143.28	−3.35**	0.029

（续表）

家庭总支出（元）	31498.70	2340.99	51425.36	5591.73	-2.78*	0.079
绿色农业支出（元）	15389.42	2123.44	31852.47	4268.79	-3.01**	0.045

3. 三型融资农户的经营效果。表5-10是三型农户与未融资农户经营效果对比。参与三型农户组227户农户的各项指标均高于未融资组农户。三型组农户家庭总收入的均值为78259.60元，比未融资农户高94.76%。农业收入均值为75693.20元，比未融资农户高190.43%；家庭总支出均值为61021.70元，比未融资农户家庭总支出高93.72%；农业支出均值为41971.90元，比未融资农户高172.73%。通过对各项指标与三型农户融资行为进行T检验可知，参与三型融资行为与农户收入、支出等指标均显著相关。其中，家庭总收入指标与其在1%的水平上显著相关，农业收入和农业支出指标与其在5%的水平上显著相关，家庭总支出指标与其在10%的水平上显著相关。

表5-10　三型农户经营效果指标比较

主要指标	未融资（613户）		三型（227户）		均值差异的T检验	
	均值	标准差	均值	标准差	T检验	Sig.
家庭总收入（元）	40182.00	2773.23	78259.60	7752.78	-4.95***	0.006
绿色农业收入（元）	26062.06	2626.10	75693.20	7116.94	-5.14**	0.015
家庭总支出（元）	31498.70	2340.99	61021.70	7550.16	-5.93*	0.057
绿色农业支出（元）	15389.42	2123.44	41971.90	6206.74	-5.82**	0.032

4. 四型融资农户的经营效果。表5-11是四型农户与未融资农户经营效果对比。参与四型农户组136户农户的各项指标均远高于未融资组农户。四型组农户家庭总收入的均值为81954.33元，比未融资农户高103.90%；农业收入均值为77973.57元，比未融资农户高199.18%；家庭总支出均值为66942.28元，

比未融资农户家庭总支出高112.52%；农业支出均值为44000.41元，比未融资农户高250.89%。通过对各项指标与四型农户融资行为进行T检验可知，参与四型融资行为与农户收入、支出等指标均显著相关。其中，家庭总收入指标与其在1%的水平上显著相关，农业收入和农业支出指标与其在5%的水平上显著相关，家庭总支出指标与其在10%的水平上显著相关。

表5-11 四型农户经营效果指标比较

主要指标	未融资（613户）		四型（136户）		均值差异的T检验	
	均值	标准差	均值	标准差	T检验	Sig.
家庭总收入（元）	40182.00	2773.23	81954.33	9277.90	-5.98***	0.009
绿色农业收入（元）	26062.06	2626.10	77973.57	8991.90	-6.18**	0.021
家庭总支出（元）	31498.70	2340.99	66942.28	8944.80	-6.90*	0.074
绿色农业支出（元）	15389.42	2123.44	44000.41	8498.19	-6.98**	0.036

为了尽可能全面地评价农户参与绿色农业选择不同融资模式的经营效果，本书选取了农户成本收益比率和获得服务两类指标进行相应的分析。根据文献得知，农户融资这种模式有助于增加农户农业收入和农产品产量、提高要素使用效率、降低要素花费。考虑到调研中观察到的情况，样本农户的收入来源和支出项目是趋同的，因而本书在成本收益指标中选取了绿色农业收入占总收入的比例、绿色农业生产成本占总支出的比例以及绿色农业生产支出与绿色农业收入之比等三个变量来体现农户的农业收入和要素支出情况。各变量的定义、取值及特征见表5-12。

表 5-12 变量定义与取值

变量	解释	取值	均值	标准差
融资比例	融资占生产该产品总投资的比例中	1-1%～20% 2-21%～40% 3-41%～60% 4-60%以上	2.441	1.087
绿色农业收入比例	农业收入/家庭总收入	连续变量	0.649	0.319
绿色农业支出比例	农业支出/家庭总支出	连续变量	0.368	0.264
绿色农业支出-收入比率	农业支出/农业收入	连续变量	0.694	1.559
产品销路	是否感到销售困难	0-困难，1-不困难	0.845	0.361
培训	是否常参加培训	0-否，1-是	0.477	0.499
信息技术服务	是否能接受技术和信息服务	0-否，1-是	0.449	0.498
绿色产品质量认证	是否有产品质量认证	0-否，1-是	0.759	0.428

5.4.3 方法选择与计量模型

运用 PSM 方法对农户参与两种形式价值链融资的影响效果的分析结果如表 5-13 所示，采用核匹配、相邻匹配和半径匹配三种方法得到的平均激励效果（ATT）如表 5-14 所示，各方法下得到的结果一致性较高，模型稳健性较好。

表 5-13　变量定义与取值

	一型激励组	二型激励组	三型激励组	四型激励组	控制组
融资比例	0.02	−0.22**	−0.35*	−0.49*	0.025
绿色农业收入比例	0.11***	0.10***	0.08***	0.03***	0.021
绿色农业支出比例	0.12***	0.13***	0.36***	0.04***	0.000
绿色农业收支比率	0.45	0.42	0.43	0.49	0.105
绿色产品销路	−0.12***	−0.11***	0.12***	−0.12***	0.000

从回归结果来看，农户参与绿色农业选择不同的融资模式对农户生产性融资比例有着显著影响。成本收益指标中，农户选择不同的融资模式对农户农业收入占比的影响不显著，但对农业成本支出占比和农业收支比例均有显著的影响。从 ATT 值来看，四种类型融资对这些指标的影响全部为正，即农户选择不同的融资模式会显著增加农户生产性借款占主营农产品投入的比例，增加农业生产性支出的比重。全部农户融资行为对农业收入占比、农业支出占比和农业收支比的影响都在 1% 的水平上显著。

表 5-14 不同匹配方法下的 ATT 值

变量名称	匹配方法	一型农户 ATT	标准误差	T值	二型农户 ATT	标准误差	T值	三型农户 ATT	标准误差	T值	四型农户 ATT	标准误差	T值
借款比例	核匹配	0.193	0.032	−0.31	0.216	0.058	−0.46	0.245	0.084	−0.86	2.615	0.170	−1.21
	相邻匹配	0.165	0.042	0.42	0.853	0.236	0.042	1.547	0.397	0.041	2.213	0.556	0.40
	半径匹配	0.156	0.032	0.28	0.692	0.041	0.15	1.546	0.053	−3.09	2.928	0.059	−8.29
绿色农业收入比例	核匹配	0.659	0.026	2.46	0.662	0.031	2.15	0.657	0.029	1.29	0.675	0.031	0.20
	相邻匹配	0.698	0.033	0.68	0.684	0.036	0.92	0.652	0.041	1.03	0.633	0.043	1.12
	半径匹配	0.611	0.026	4.05	0.625	0.046	3.87	0.637	0.059	1.59	0.645	0.060	0.60
绿色农业支出比例	核匹配	0.394	0.021	2.45	0.401	0.024	1.47	0.419	0.025	0.26	0.426	0.026	−0.87
	相邻匹配	0.427	0.028	0.66	0.427	0.031	0.32	0.428	0.035	−0.18	0.429	0.037	−0.67
	半径匹配	0.325	0.022	5.42	0.331	0.034	3.39	0.351	0.052	1.56	0.363	0.050	0.80
绿色农业收支比率	核匹配	0.639	0.137	2.58	0.687	0.159	1.49	0.722	0.164	0.56	0.793	0.191	−0.26
	相邻匹配	0.673	0.168	1.88	0.673	0.168	1.88	0.673	0.168	1.88	0.673	0.168	1.88
	半径匹配	0.534	0.138	3.30	0.534	0.138	3.30	0.534	0.138	3.30	0.534	0.138	3.30
绿色产品销路	核匹配	0.844	0.030	−2.35	0.845	0.031	−1.17	0.856	0.031	0.12	0.863	0.032	0.89
	相邻匹配	0.840	0.038	−1.76	0.840	0.038	−1.76	0.840	0.038	−1.76	0.840	0.038	−1.76
	半径匹配	0.887	0.030	−3.70	0.887	0.030	−3.70	0.887	0.030	−3.70	0.887	0.030	−3.70

5.4.4 模型估计结果

通过以上分析，对农户选择不同的融资模式的影响效果我们可以得出以下结论：首先，无论是哪种形式的融资模式，对其农业成本收益均有显著影响。虽然四种形式的融资对各类指标的影响显著性有一些差异，但总体来说，其有助于增加农户的农业收入并促进要素投入。因此，为了加快农户收入增长，应着手制定相关政策，采取合适的手段加速农村经济发展，培育发展绿色农业经济模式，促使农村金融机构所具有的扶农助农作用获得充分发挥。与此同时，还应通过加大贷款资金的扶持力度，完善农村融资制度建设。

其次，农户选择不同的融资模式会激励农户增加生产性支出，这一点可以从四种融资形式的激励中体现出来，且绿色信贷融资模式所起的作用要明显大于其他三种融资模式。这一方面可能是由于融资农户的农业生产性投入较多，需要增加生产性融资来解决购买投入品资金不足的问题，而且融资农户可能更乐于从事高投入、高产出的行业，并通过多种融资的方式解决资金问题，从而在绿色农业进程中受益。另一方面也是由于国家政策的鼓励和约束——获得绿色信贷的农户资金必须要用于绿色生产。根据这一基本结论，可以提出两个方面的要求，第一方面，保障农村金融市场健康有序的发展，积极引导民间融资市场规范化发展，并且通过多种方法分阶段地拓宽融资渠道，支持农户完成融资需求；第二个方面，继续开发绿色信贷新产品，加快服务创新，通过完善的金融支持保障绿色农业项目的快速发展。

第三，农户参与绿色农业融资对增加农业收入的激励是显著的，从其对农业支出占比及农业支出-收入比的显著正激励层面上来说，农户参与绿色农业融资能显著地促进农户增加农业投入。从长远来看，这些影响效果有利于帮助农户加入到农业价值链升级的进程并从中受益。而且借款不仅能够激励农户增加生产性投入，而且能够直接显著地增加农户的农业收入。这说明农户对资金的使用是非常理性且有效率的，当其获得灵活性更强的生产性资金时，会对其进行合理的配置，有效增加自己的农业收入，真正实现高投入、高产出的良好结果。

5.5 本章小结

本章结合第三章农户参与绿色农业融资行为影响因素理论体系，运用农户调查数据通过引入计量经济模型对农户参与绿色农业融资行为的影响因素加以实证，结果表明，农户参与绿色农业融资行为受农户自身因素和外部环境因素多方因素共同影响，自身因素包括户主教育水平、信心指数、风险态度、环保意识和家庭土地规模、人力资本等，外部环境因素包括销售方式、绿色生产政策、相关企业数量、金融机构、民间融资组织等，这些因素的合力作用导致农户参与绿色农业融资存在诸多问题。为保证实证研究的准确性，本文在第六章进行农户参与绿色农业融资的仿真模拟实验验证实证结果的准确性，后于第七章针对上述因素提出了优化农户参与绿色农业融资行为的对策建议。

6. 农户参与绿色农业融资行为选择的多重仿真模拟

仿真实验法能够达到模拟现实的效果，为了更好地了解各影响因素对农户参与绿色农业融资行为的作用程度，本章采用仿真实验的方法对前文农户参与绿色农业融资行为的实证分析结果进行仿真检验。由于农户对绿色农业融资的需求是农户参与绿色农业融资行为的起点，也由于时间和精力有限，因此本章仅对农户参与绿色农业融资行为选择进行仿真，模拟农户的户主因素、家庭因素、生产经营因素及环境因素等影响因素在农户参与绿色农业是否融资的过程中发挥的作用。

6.1 模型构建

6.1.1 基本假设

为简化起见，本书将农户参与绿色农业融资的行为简单划分为融资与未融资两大类。假设农户参与绿色农业生产的未融资行为（α_1）与融资行为（α_2）不存在选择时间的先后问题，农户参与绿色农业生产的融资行为在同一时空点上能且仅能选择一种行为。

6.1.2 变量描述

根据第六章第一节分析可知，农户的销售方式、农户所在地距离金融机构时间、风险态度、环保意识、人力资本、绿色生产信心指数、土地规模、受教育水平等指标对农户参与绿色农业融资行为会产生较大影响，这八个指标的基本特征描述见表6-1。因此，本章在行为概率模型中引入变量 β_{i1}、β_{i2}、β_{i3}、β_{i4}、β_{i5}、β_{i6}、β_{i7}、β_{i8} 分别表示农户的销售方式、农户所在地是否有金融机构、风险态度、环保意识、人力资本、绿色生产信心指数、土地规模、受教育水平等。农户销售渠道的选择主要有直接销售（市场或网络)、通过商贩收购(经济人、中间商)、通过企业收购(龙头企业、生产基地)、通过合作组织销售等。其中,选择直接销售的有228户,占样本总数的11.3%;选择通过商贩收购销售的有750户,占样本总数的37.2%;选择通过企业销售的有921户,占样本总数的45.7%;选择通过合作组织销售的有117户,占样本总数的5.8%。

6.1.3 行为概率模型的构建

在涉及行为期望收益及行为概率之间的关系,学者们已经进行了相应的研究。因此,根据设置基本假设及变量,构建如下农户参与绿色农业融资行为的概率模型[178]。

$$\begin{cases} P_i(\alpha_+) = \dfrac{e^{\{(\beta_{i1}+\beta_{i2}+\beta_{i3}+\beta_{i4}+\beta_{i5}+\beta_{i6}+\beta_{i7}+\beta_{i8})u_i(\alpha_1)-(\beta_{i9}+\beta_{i0}+\beta_{i1}+\beta_{i2}+\beta_{i3}+\beta_{i4}+\beta_{i5}+\beta_{i6})u_i(\alpha_2)\}}}{1+e^{\{(\beta_{i1}+\beta_{i2}+\beta_{i3}+\beta_{i4}+\beta_{i5}+\beta_{i6}+\beta_{i7}+\beta_{i8})u_i(\alpha_1)-(\beta_{i9}+\beta_{i0}+\beta_{i1}+\beta_{i2}+\beta_{i3}+\beta_{i4}+\beta_{i5}+\beta_{i6})u_i(\alpha_2)\}}} \\ P_i(\alpha_-) = 1 - P_i(\alpha_+) \end{cases} \quad (6-1)$$

在(6-1)的行为概率模型中,$u(\alpha_1)$、$u(\alpha_2)$分别为农户参与绿色农业融资与否行为的收益;I_1、I_2分别为农户参与绿色农业生产的正常收益;P为农户参与绿色农业融资行为的精神收益和环境收益;β_j是回归系数,$i \in [1,2,3,\cdots\cdots,N]$,其中,N为样本总量,由于影响农户参与绿色业融资行为期望回报评估的因素个数等于8个,故$j \in [1,2,\cdots\cdots,16]$;$\beta_{i0} \in (-\infty,+\infty)$且$\beta_{i1}$、$\beta_{i2}\cdots\cdots\beta_{i16}$均在0之上,为此,在行为概率模型中,$u_i(\alpha_2)$前面的型号体现为负,表示的是$P_i(\alpha_1)$随着$u_i(\alpha_2)$的增加出现降低的现象。这是由于农户选择任何一种行为都会存在机会成本。

表6-1 影响农户参与绿色农业融资行为的基本特征描述

统计特征	分类指标	样本数(户)	融资比例(%)	不融资比例(%)
销售方式	1-直接销售	228	32.5	67.5
	2-商贩收购	750	40.7	59.3
	3-企业收购	752	98.2	1.8
	4-合作组织	117	64.3	35.7
	5-网络平台	169	81.6	18.4

（续表）

距离金融机构时间	20分钟以内	1229	80.5	19.5
	20–30分钟	302	66.2	33.8
	30–40分钟	403	49.6	50.4
	40–60分钟	44	22.7	77.3
	60分钟以上	36	13.8	86.2
风险态度	风险规避型	759	51.8	48.2
	风险中立型	865	74.2	25.8
	风险偏好型	392	93.8	6.2
环保意识	不太好	103	10.7	89.3
	还可以	276	61.2	38.8
	比较好	1075	67.5	32.5
	非常好	562	88.6	11.4
人力资本	村干部	155	98.4	1.6
	党员	319	86.5	3.5
	大学生	407	78.6	21.4
	普通农民	1135	57.7	42.3
绿色生产信心指数	很低	80	12.5	87.5
	较低	260	46.2	53.8
	一般	565	54.9	45.1
	较高	629	81.6	18.4
	很高	482	93.4	6.6
绿色有机土壤规模	5亩以下	797	59.1	40.9
	5–10亩	518	58.3	41.7
	10–20亩	351	74.1	25.9
	20–50亩	247	93.1	6.9
	50亩以上	143	97.9	2.1
受教育水平	未上学	198	30.3	69.7
	小学毕业	320	46.9	53.1
	初中毕业	991	73.9	26.1
	高中毕业	303	92.4	7.6
	大学以上	204	88.2	11.8

6.2 仿真模拟检验

6.2.1 检验方法

对农户的融资行为选择与影响因素之间是否为第五章所得出的关系结论进行检验时,采用的是仿真实验方法。通过改变农户的销售方式 β_{i1}、农户所在地是否有金融机构 β_{i2}、风险态度 β_{i3}、环保意识 β_{i4}、人力资本 β_{i5}、绿色生产信心指数 β_{i6}、土地规模 β_{i7}、受教育水平 β_{i8} 等参数的不同取值情况,来对农户在不同条件下如何选择融资行为进行模拟。关于实验参数及相关规定方面,具体如下:

第一,假定农户分布在一个正方形区域内,即在 20×20 的正方形区域内,且在区域内已经存在一些环境参数(具体见表 6-2)。

表 6-2 实验参数

模型参数	参数值
模拟界面范围	20×20
农户的总本总量	100
无融资农户	−1
融资农户	1

第二,计算仿真实验开始前,农户的位置则为随机分布,即在界面之中进行随机分布。

第三,关于农户的"视力"值。第四章的研究已经表明,农户的行为决策容易受到周围群体的影响。基于此,在对仿真进行计算时需要对与环境的交互作用进行考虑。"视力"对于农户而言,是其获取周围资源信息的一种力。在仿真开始时,设定所有农户的"视力"值均为 2,根据其"视力"范围内的"邻居"的状态对自身的行为选择进行不断调整。如果农户本身选择不融资行为,而当"视力"范围内参数值的和 ≤ 0 时,则就会保持自身原来的行为选择;当其"视力"范围内参数值的和 > 0 时,则就对自身行为进行改变。

第四,指标特征。参考表 6-1,假定 β_{i1}、β_{i2}、β_{i3}、β_{i4}、β_{i5}、β_{i6}、β_{i7}、β_{i8} 的取值区间为 $[1,5]$,销售方式"1"代表直接销售方式,"5"代表

网络平台销售方式。同理风险态度、环保意识、人力资本、绿色生产信心指数、土地规模、受教育水平等指标也用 1-5 的整数进行表示。不管是融资行为，还是不融资行为，其都是相互独立的一种行为，故 β_{i1}、β_{i2}、β_{i3}、β_{i4}、β_{i5}、β_{i6}、β_{i7}、β_{i8} 与 β_{i9}、β_{i10}、β_{i11}、β_{i12}、β_{i13}、β_{i14}、β_{i15}、β_{i16} 之间存在如下关系：

$$\begin{cases} \beta_{i1} + \beta_{i9} = 5 \\ \beta_{i2} + \beta_{i10} = 5 \\ \beta_{i3} + \beta_{i11} = 5 \\ \beta_{i4} + \beta_{i12} = 5 \\ \beta_{i5} + \beta_{i13} = 5 \\ \beta_{i6} + \beta_{i14} = 5 \\ \beta_{i7} + \beta_{i15} = 5 \\ \beta_{i8} + \beta_{i16} = 5 \end{cases} \quad （6-2）$$

第五，β_{i1}、β_{i2}、β_{i3}、β_{i4}、β_{i5}、β_{i6}、β_{i7}、β_{i8} 按照受访者比重较大的基本特征取作初始值，即 β_{i1}、β_{i2}、β_{i3}、β_{i4}、β_{i5}、β_{i6}、β_{i7}、β_{i8} 的值分别为 2，3，3，4，1，3，2，2。

根据表 6-1 的实验参数情况，并运行规则，通过计算公式（6-1）、（6-2）进行计算仿真程序的编写，在此基础上代入参数初始值。运行程序，对仿真程序及各参数值设置的合理性进行检验之后就可以开始进行仿真实验了。而在仿真结果图上，黑色线条则表示的是农户选择融资的比例，灰色线条表示未融资行为发生的比例。

当 β_{i1}、β_{i2}、β_{i3}、β_{i4}、β_{i5}、β_{i6}、β_{i7}、β_{i8} 分别取值为 2，3，3，4，1，3，2，2。时，模拟结果显示，不选择融资的农户比例为 31.35%。这一结果略高于表 6-1 中的 30.4%，与表 6-1 接近，说明仿真的结果具有可信度。仿真结果与调查结果之间之所以存在差异，主要是因为 β_{i1}、β_{i2}、β_{i3}、β_{i4}、β_{i5}、β_{i6}、β_{i7}、β_{i8} 的模拟取值与被调查的农户在真实基本特征方面存在一定差异。

6.2.2 仿真结果与分析

销售方式对农户参与绿色农业融资行为的影响。即模拟分别取值1,2,3,4和5时,农户参与绿色农业融资行为选择,进行比较模拟的结果和表6-1中相应的数据,并选择图6-1中的五组数据即(a)、(b)、(c)、(d)、(e)进行对比发现,农户参与绿色农业融资的比例分别约为33%、39%、97%、65%、80%,此模拟结果与表6-1中的32.5%、40.7%、98.2%、64.3%、81.6%较为接近,趋势也较为吻合。表明销售方式对农户参与绿色农业融资行为具有较大影响,即参与龙头企业组织的农户融资比例非常高,这主要是由于与龙头企业合作的农户通常进行的是订单式生产,通常选择的是绿色农产品价值链主体互助模式进行融资。这一结果与前一章实证分析得出的结论相似。

距离金融机构时间对农户参与绿色农业融资行为的影响。即模拟分别取值1,2,3,4和5时,农户参与绿色农业融资行为选择,并比较模拟结果与表6-1中对应的数据。对比图6-2中的(a)、(b)、(c)、(d)、(e)可发现,农户参与绿色农业融资比例分别约为80%、64%、50%、20%、15%,此模拟的结果与表6-1中的80.5%、66.2%、49.6%、22.7%、13.8%相对来说较为接近,趋势上则趋于吻合。这主要是由于农户融资的时间成本较低和金融机构对农户的了解程度较高,使农户较容易获得融资。

概　率

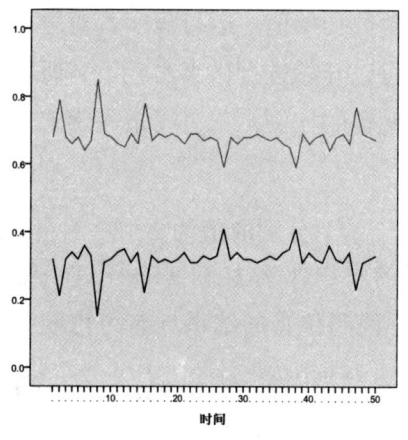 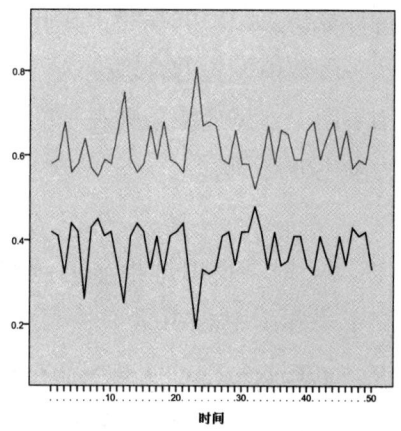

(a) $\beta_{i1}=1$　　　　　　　　　(b) $\beta_{i1}=2$

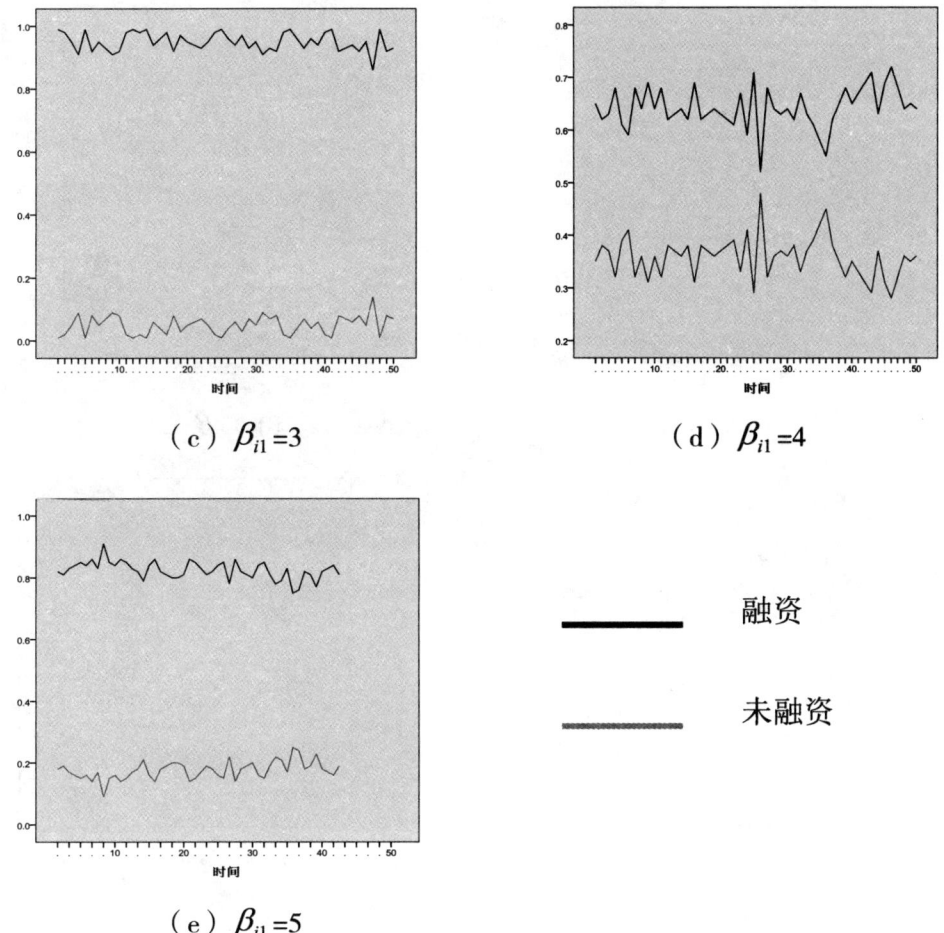

（c）$\beta_{i1}=3$ （d）$\beta_{i1}=4$

（e）$\beta_{i1}=5$

图 6-1　农户在不同销售渠道下参与绿色农业融资行为的变化过程

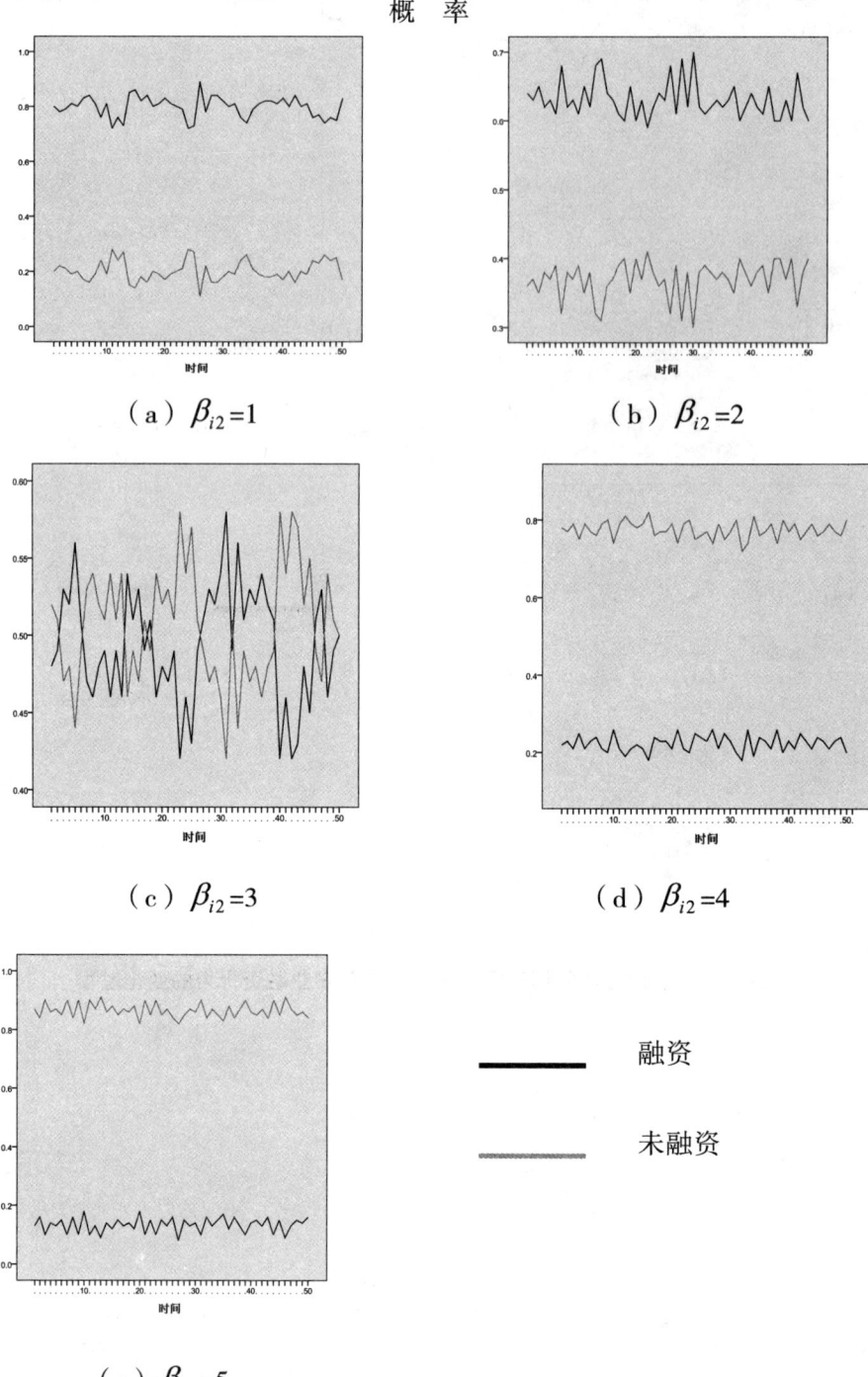

图 6-2 农户在与金融机构不同距离下参与绿色农业融资行为的变化过程

6. 农户参与绿色农业融资行为选择的多重仿真模拟

农户风险态度对农户参与绿色农业融资行为的影响。即模拟分别取值 1，2，3 时，农户参与绿色农业融资行为选择，并把模拟的结果与表 6-1 中对应的数据进行相应的比较。对比图 6-3 中的（a）、（b）、（c）可发现，农户参与绿色农业融资的比例分别约为 45%、76%、95%，此模拟结果与表 7-1 中的 51.8%、74.2%、93.8% 较为接近，趋势也较为吻合。

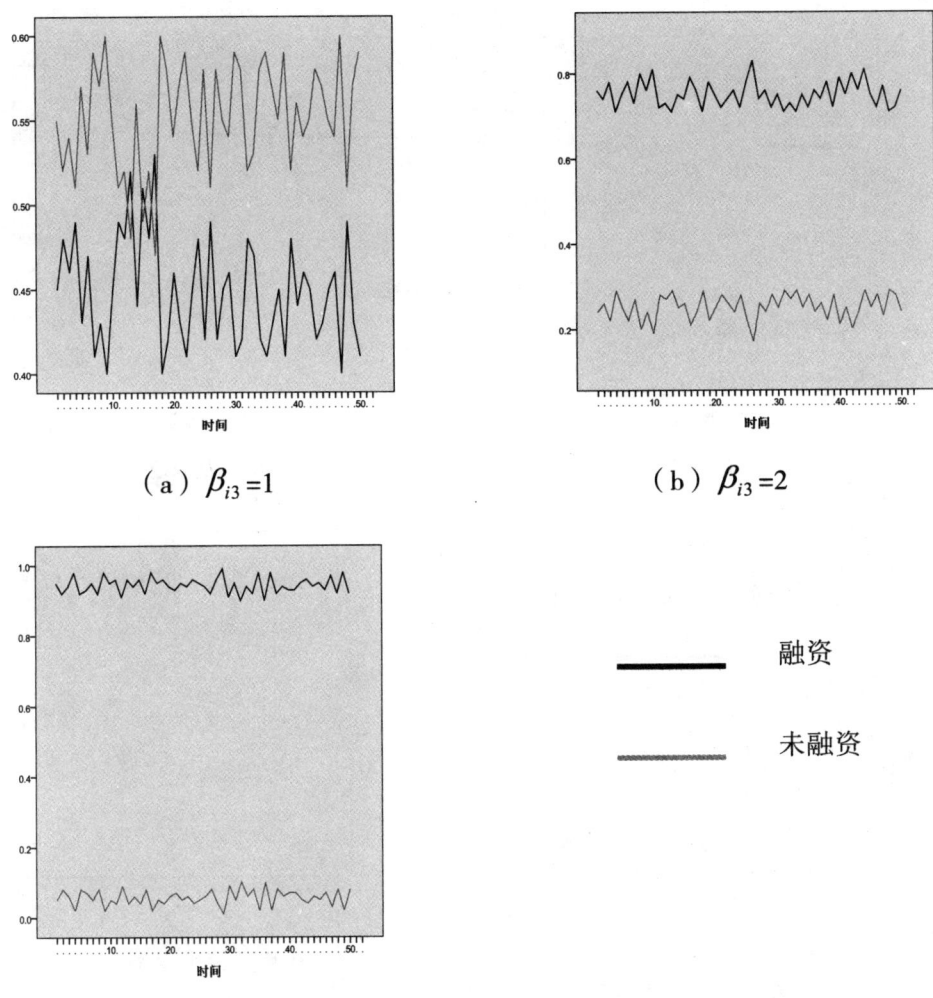

图 6-3 农户不同风险态度时参与绿色农业融资行为的变化过程

农户的环保意识对农户参与绿色农业融资行为的影响。即模拟分别取值1，2，3，4时，农户参与绿色农业融资行为选择，并把模拟的结果情况与表6-1中对应的数据进行相应的比较。对比图6-4中的（a）、（b）、（c）、（d）可发现，农户参与绿色农业融资的比例分别约为13%、60%、69%、89%，此模拟结果与表6-1中的10.7%、61.2%、67.5%、88.6%较为接近，趋势也较为吻合。

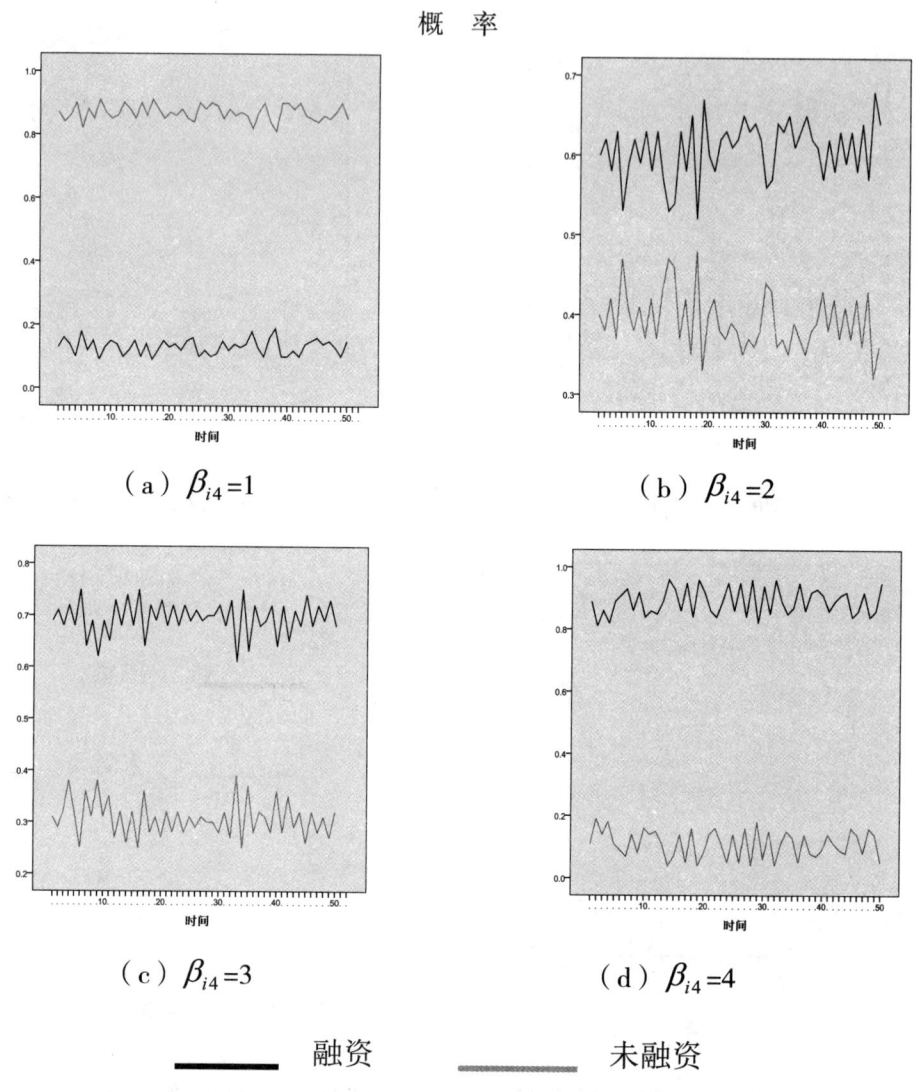

图6-4　农户不同环保意识参与绿色农业融资行为的变化过程

农户家庭人力资本对农户参与绿色农业融资行为的影响。即模拟分别取值1，2，3，4时，农户参与绿色农业融资行为选择，并把模拟的结果情况，与表6-1中对应的数据进行相应的比较对比图6-5中的（a）、（b）、（c）、（d）发现，农户参与绿色农业融资的比例分别约为95%、86%、74%、60%，此模拟结果与表6-1中的98.4%、86.5%、78.6%、57.5%较为接近，趋势也较为吻合。

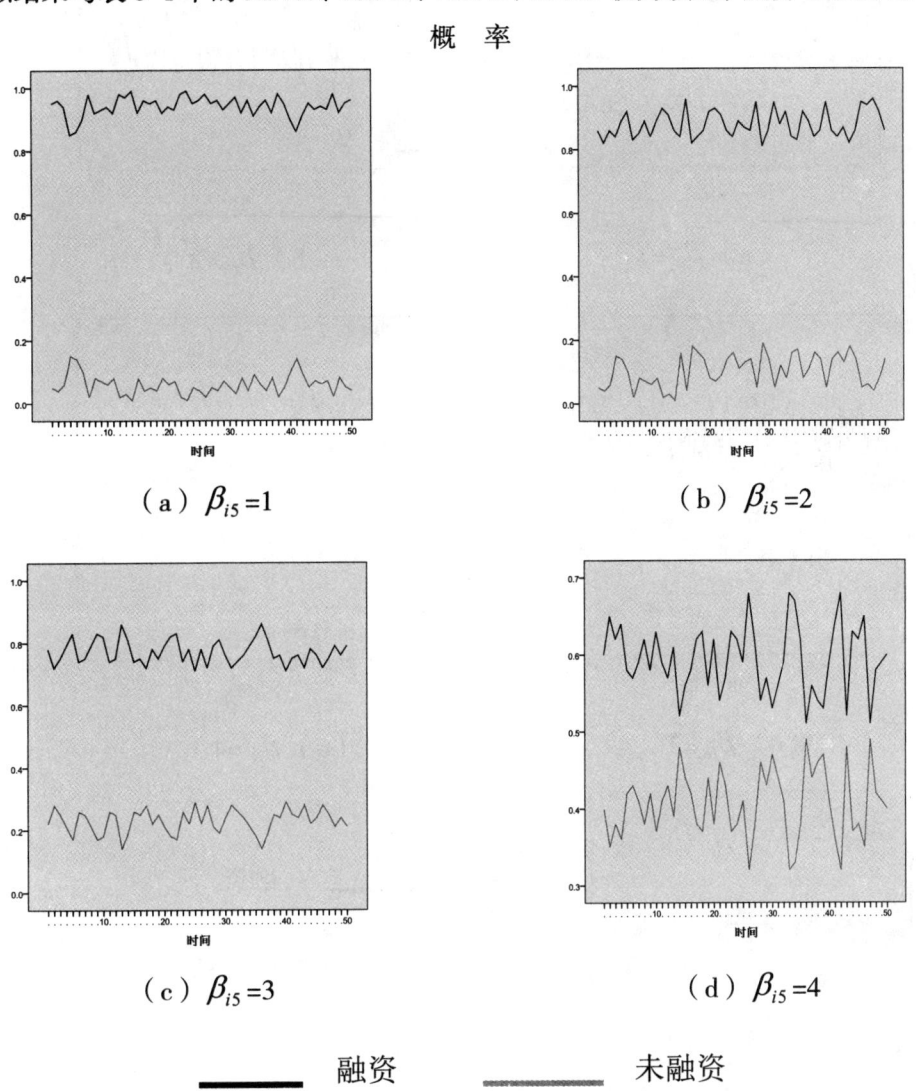

图6-5　农户不同家庭人力资本其参与绿色农业融资行为的变化过程

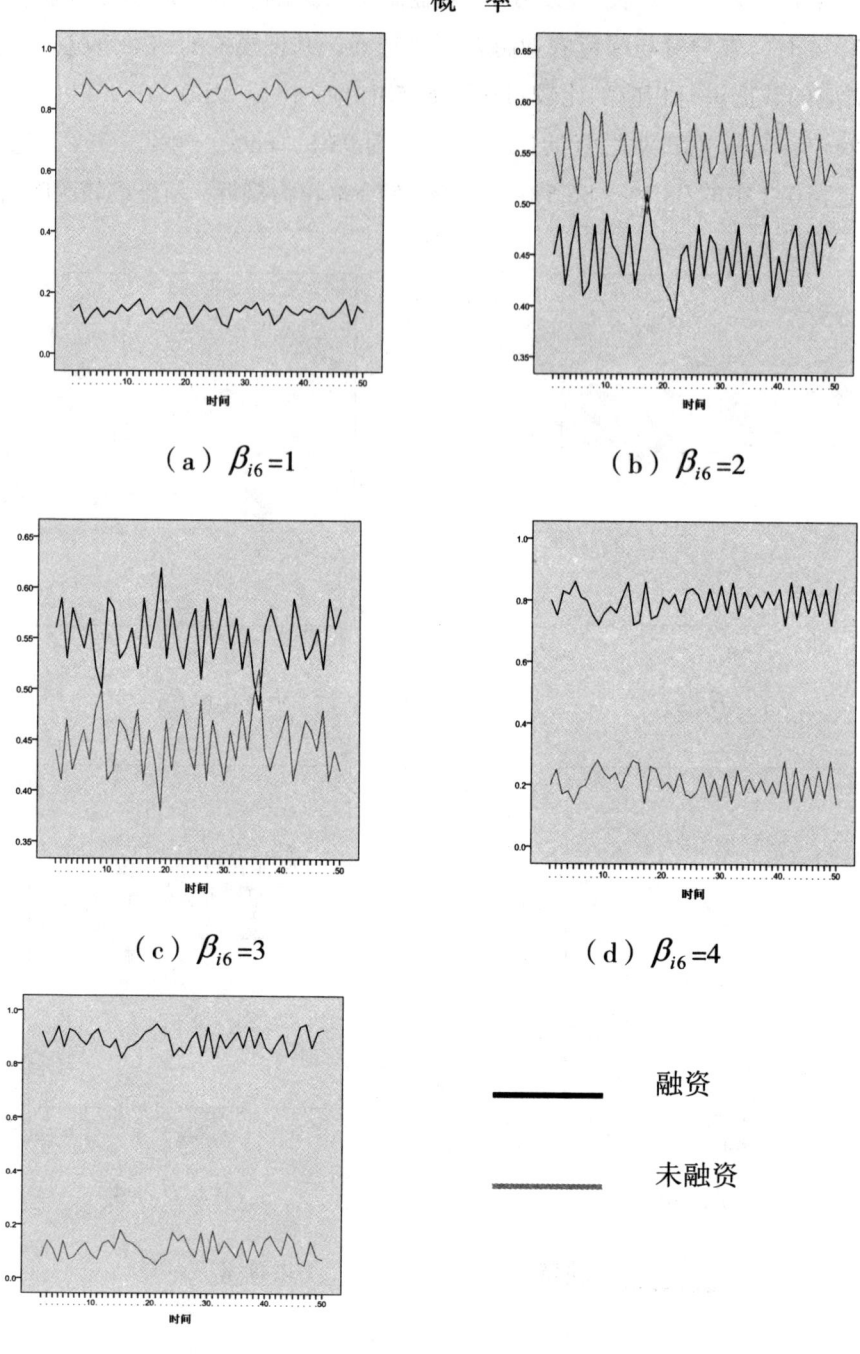

图6-6 农户对绿色生产信心不同参与绿色农业融资行为的变化过程

概　率

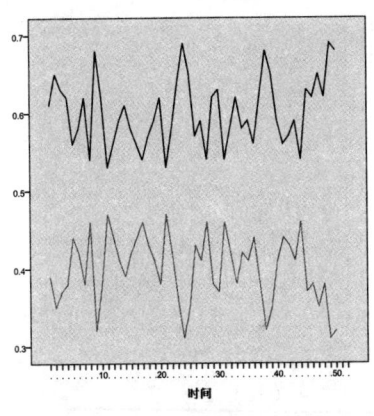

（a）$\beta_{i7}=1$

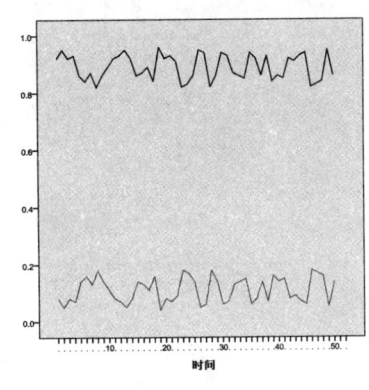

（b）$\beta_{i7}=2$

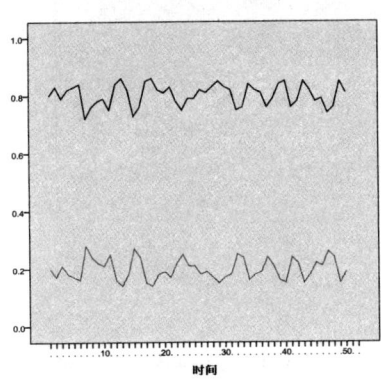

（c）$\beta_{i7}=3$

（d）$\beta_{i7}=4$

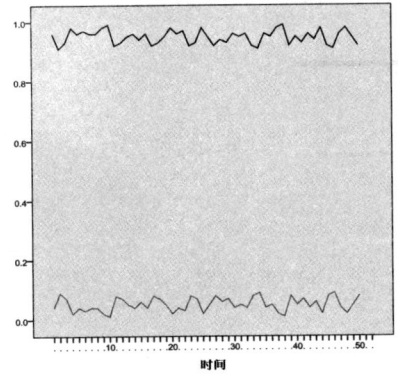

———— 融资

———— 未融资

（e）$\beta_{i7}=5$

图 6-7　农户不同绿色有机土壤规模下参与绿色农业融资行为的变化过程

概　率

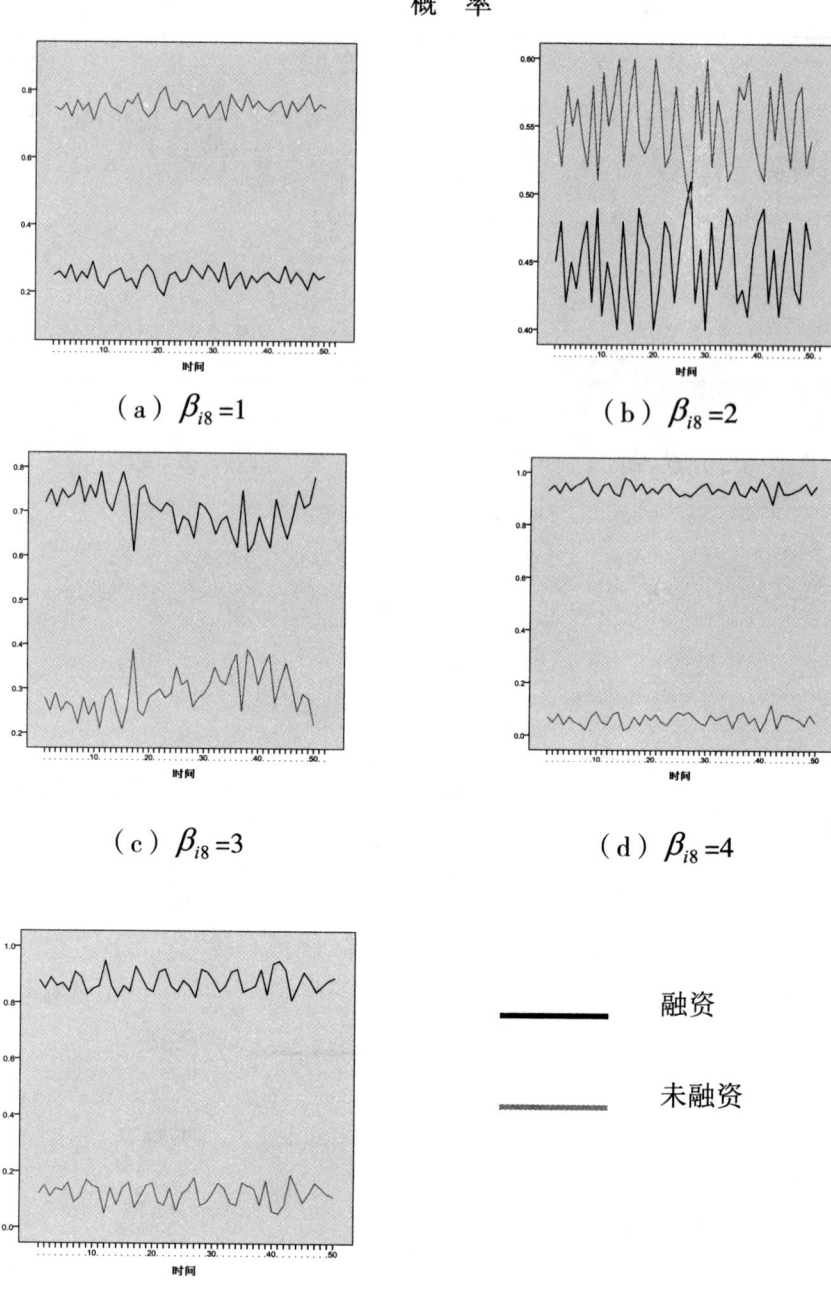

（a）$\beta_{i8}=1$

（b）$\beta_{i8}=2$

（c）$\beta_{i8}=3$

（d）$\beta_{i8}=4$

（e）$\beta_{i8}=5$

图 6-8　农户受教育水平不同参与绿色农业融资行为的变化过程

农户进行绿色生产的信心指数对农户参与绿色农业融资行为的影响。即模拟分别取值1，2，3，4和5时农户参与绿色农业融资行为选择，并把模拟的结果情况与表6-1中对应的数据进行相应的比较。对比图6-6中的（a）、（b）、（c）、（d）、（e）可发现，农户参与绿色农业融资的比例分别约为14%、45%、56%、80%、92%，此模拟结果与表6-1中的12.5%、46.2%、54.9%、81.6%、93.4%较为接近，趋势也较为吻合。证明了农户对绿色农业生产的信心指数对于农户参与绿色农业融资行为具有显著影响。调研发现，农户对绿色农业生产的信心程度是由国家对绿色农业生产的扶持政策和从绿色农产品市场获得的较高收益激励产生的。因此，为了提高农户对绿色农业生产的信心，国家有必要加大对绿色农业的扶持力度、规范绿色农产品市场、提高农户收益。

农户绿色生产的绿色有机土壤规模对农户参与绿色农业融资行为的影响。即模拟分别取值1，2，3，4和5时，农户参与绿色农业融资行为选择，并把模拟的结果情况与表6-1中对应的数据进行相应的比较。对比图6-7中的（a）、（b）、（c）、（d）、（e）可发现，农户参与绿色农业融资的比例分别约为61%、56%、78%、93%、94%，此模拟结果与表6-1中的59.1%、58.3%、74.1%、93.1%、97.9%较为接近，趋势也较为吻合。证明了农户绿色生产的绿色有机土壤规模对于农户参与绿色农业融资行为具有显著影响，这与国家提倡农户适度规模经营政策相吻合。但调研发现，黑龙江、内蒙古两省的大部分农户仍处于规模小、效率低的生产状态，因此，国家应加大土地流转政策扶持力度，推动土地流转规范有序进行，使农村广泛开展规模化、集约化、现代化、绿色化的农业经营模式。

农户受教育水平对农户参与绿色农业融资行为的影响。即模拟分别取值1，2，3，4和5时，农户参与绿色农业融资行为选择，并把模拟的结果情况与表6-1中对应的数据进行相应的比较。对比图6-8中的（a）、（b）、（c）、（d）、（e）可发现，农户参与绿色农业融资的比例分别约为25%、45%、72%、93%、88%，此模拟结果与表7-1中的30.3%、46.9%、73.9%、92.4%、88.2较为接近，趋势也较为吻合，证明了农户受教育水平对于农户参与绿色农业融资行为具有显著影响。农民是绿色农业生产的主体，积极培养型农民使得其不仅具有文化及懂技术、会经营，促使农民的整体素质获得提升，这是进行现代化绿色农业生产的前提和保证。因此，有必要提高农户的整体素质，加大国家对农户素质提升的政策支持。

6.3 本章小结

本章选取影响农户参与绿色农业融资行为的影响因素，采用仿真实验的方法，模拟影响因素在农户参与绿色农业行为选择的过程中发挥的作用。检验结果与第五章实证分析结果相符。证明了农户绿色农产品的销售方式、农户所在地距离金融机构时间、农户对待风险的态度、环保意识、家庭人力资本、绿色生产信心指数、绿色有机土壤规模、受教育水平等指标对农户参与绿色农业融资行为影响显著。

7. 化农户参与绿色农业融资行为的对策建议

通过本书的研究可知，农户参与绿色农业融资行为在一定程度受到农户特征因素、家庭特征因素、生产特征因素、环境特征因素等各因素的共同影响。为了彻底解决我国农户参与绿色农业融资存在的融资需求强烈且得不到满足、农户从正规金融机构融资的可获得性较低、农户参与绿色农业融资的显性及隐性成本高等问题，我们在综合考虑农户的融资行为特点及其受制约因素的基础上，结合第五章的实证分析结果，提出了优化农户参与绿色农业融资行为的对策与建议。

7.1 改善农户基本特征的对策建议

发展绿色农业永远都离不开农户，那么，切实提升农户的综合素质便直接影响到绿色农业发展的速度与质量。农户整体素质的提升也是绿色农业现代化、标准化、国际化的必然要求。因此，有必要从农户的教育水平、对绿色农业的生产信心、风险态度、环保意识等方面提升农户的整体素质，使我国传统农户逐渐成长为有文化、对绿色农业充满信心、抗风险、环保意识强的现代农户。

7.1.1 提高农户文化程度

目前，我国正在积极建设与完善农民培训中心，社会主义新型农民的培养已不单单是一句口号或是一个设想，而是要切实落实到行动中，并且任务紧迫。由于我国的经济建设起步较晚、农村人口比重较大，农民的相关培养机制一直没有建立起来，因此在对农民的培养方面任重而道远。为此，党和国家的各级政府必须目标一致，对该问题深入研究，制定相关规定，甚至要上升到国家法律法规的高度来确保对农民培训任务的顺利进行。只有这样，才能积极提升农民自身的主动性、并能够要求各级政府部门履行职责、确保完成任务。并且还要教育、科研、劳动保障等部门分工合作，确保培训项目清晰、内容充实。

为了确保对农民的培训能够有效进行，应努力做到由相关政府部门主导，投资机制尽可能多元化。但是我们还要明白一件事情，农民的相关培训项目是一个公益性强的项目，这就需要政府资金的投入。因此，在培训过程中，政府应确保培训顺利进行，确保资金及时到位；相关培训部门要加强自身知识储备，确保培训内容有价值；农民自身要积极参与培训，并能够在培训中有所收获。其实，从国际范围上讲，对农民的培训是有经验可供参考的。国际惯例对农民的培训资金主要来自如下三个部门或者组织：第一，政府部门积极出资，国家给予一定的培训资金预算；第二，有担当的企业也会有针对性地给予支持；第三，农民自身的一些经济类的合作组织自己出钱。但是，根据我国的基本国情，农民的经济收入还很有限，因此上述办法最切实可行的只有第一条了，政府必须要承担起重任来。因此，相关政府部门要积极创新，筹集农民培训资金，这里可以参考韩国的"新村活动"的做法。总之，从中央到地方政府都要重视对农民的培训，集中各方力量，努力让农民通过参加各种培训掌握更多的生活与工作的技能，通过双手创造财富。

以绿色证书为主导，多样化开展农民培训。改革开放以来，党中央以及各级政府积极促进农民培训机制的完善，倡导多元化的培训体制。结合国内的基本国情并参考国外的实际经验，在探索中不断前进，具有中国特色的社会主义农村农民培训体制越来越完善，绿色证书体制也初具规模。实践证明，各式各样的培训课程不仅能够让农民掌握各项技能，而且还能够开拓农民的眼界，根据自身优势结合针对性的课程培训，农民们的一技之长被迅速彰显出来。因此，我国应该更加完善具有中国特色的绿色培训体制，积极推动农民的自身素质的培养，让农村的人力资源得到应该切实发展。

加强师资队伍建设，推进农民教育培训"三进村"。要切实推进农民的培养机制，在积极调动农民参与培训的积极性后，最关键的一点就是提升培训老师的自身素养。党中央和各级领导部门也需要积极探索各种农民能够参与到培训之中的路径，在努力打造专业化的培训教师队伍的同时还要构建各种各样的教育平台，例如多媒体信息教学。但是，国情所限，当前的农民的文化水平都较低，多媒体操作困难，这就大大限制了培训的自由性。因此，未来的很长一段时间还要积极培训教师队伍；另外，还要积极推广网络教育或者是新媒体教育。首先，对教师的要求，学历、实践与技能相结合，并且教师也要不断进行培训，确保自身素养的不断提升；其次，在构建良好教师队伍的同时也要让教师们安心教学，这就需要确保他们有可观的收入；最后，还要鼓励农村之中的致富能手传授相关实践经验，带动大家共同致富。另外，实践出真知，相关培训教师也要积极深入到农村中，现身说法，努力提升农民的技能水平。

7.1.2 增强农户绿色生产信心

绿色农业发展要求农户具有较强的绿色农业意识，而农户绿色农业意识的提升主要靠国家对绿色农业的大力宣传，使农户将绿色农业意识融入到日常的农业生产中。国家可以通过政府、媒体、农技推广人员等多种渠道宣传推广绿色农业，使广大农户充分认识到开展绿色农业的益处，在提高收入的同时又能保证食品安全、环境安全，造福子孙，经济效益与环境效益二者兼得，激发农户参与绿色农业生产的需求。调查表明，目前在我国农村，电视、广播等媒体是老百姓了解与掌握绿色农业相关信息的核心渠道。党员、基层干部、高校毕业生等也在宣传中起到了重要作用。国家可以加大这两方面的宣传力度，以这两方面为进行绿色农业推广和绿色农业政策宣传的主要途径。同时，绿色农业示范户也是广大农户关注的焦点。绿色农业示范户的生产结果直接影响着广大农户对绿色农业的认知及参与热情。因此，应加强对绿色农业示范户的资金支持、技术指导和政策保护，提高绿色农业示范户的生产能力与生产水平，保证绿色农业示范户的绿色生产效果，充分发挥示范、带头作用，使更多的"从众型"农户自愿加入到绿色农业生产中来，自愿参与绿色农业融资扩大生产，推动并促进绿色农业的发展[179]。

此外，提升消费者的绿色消费意识也至关重要。目前我国大部分消费者对绿色农产品和普通农产品认识不清，在传统农产品价格明显低于绿色农产品价格的情况下自然会选择传统农产品。只有改变消费者对绿色农业、绿色农产品的认识，让消费者自愿放弃传统农产品，自愿为绿色农业"买单"，消费端的改变传导至生产端，才能达到生产端改变的目的，进一步激发农户进行绿色生产的热情，促进绿色农业的发展。

7.1.3 提高农户环保意识

扩大农户绿色生产投入需要农户具有较强的环保意识。绿色农业建设要求农户时刻将绿色农业的减量化、再利用、再循环思想融入到日常的农业生产中去，要求农户具备较强的绿色农业意识。为此，要通过农业技术员、农产品市场、绿色生产资料市场、基层政府、电视、广播、报纸、网络等多种渠道宣传和推广绿色农业，使农户意识到发展绿色农业不但可以节约生产成本、提高家庭收入，还可以提高生活质量、维持资源平衡、保护生态环境，认识到绿色农业是一种造福子孙后代、推进可持续发展的经济效益和生态效益双赢的发展模式，直接激发他们参与需求及投资需求，切实提升他们参与绿色农业融资的积极性。实证分析显示，广播电台、电视新闻等属于农户掌握与获取绿色农业信息的重要途径，而且基层干部也可以起到很好的宣传效果。那么，具体实施绿色农业过程中必须要予以关注，积极做好宣传与推广工作，让更多的老百姓都能认识到绿色农业的好处与优势。同时，也要加强对绿色农业示范户的资金、技术和政策支持，提高示范户的绿色农业生产能力，巩固示范户的绿色农业生产效果，充分发挥示范户的带动作用，以吸引更多的"观望型"农户参与到绿色农业建设中来。此外，应该进一步提高绿色农产品消费者的绿色农业意识，只有消费者认识并体验到了绿色农业所提供的产品确实优于传统农业提供的产品，消费者才愿意为绿色农业买单，消费端的刺激也能传达到生产端，以进一步激发农户的建设积极性和规范性，促进绿色农业的良性发展。

7.1.4 提高农户抗风险能力

农户的风险态度对于农户参与绿色农业融资行为具有较大影响。农户之所以采取谨慎的风险态度是由于绿色农产品的价格受自然环境、市场环境等多方因素影响，同时由于当前实施的绿色产品流通机制缺乏科学性，产品的价格完全由中间商确定，农户只能被动接受中间商的价格。在现行绿色农产品流通体制下，中间商为了追求短期暴利，往往随意调整农产品的价格，甚至给出错误信息误导生产者与消费者，导致农户的判断毫无科学依据，做出错误决策，蒙受巨大的经济损失。因此，农户采取谨慎的风险态度对待参与绿色农业融资也是情理之中的事。要想从根本上维护农户的长远利益、提高农户抗风险能力，就必须帮助农户，借助网络资源的力量来掌控市场价格趋势，确定供求关系，确保在最短的时间内将最准确的信息传递到农户手中，引导绿色农业健康快速发展，尽可能消除盲目行为；打造良好的生产与销售网络，将农户与超市、农贸市场等有机连接起来，尽可能缩短物流链长度、控制流通的成本，避免人为操作市场，稳定产品的价格，切实保护农户的自身利益，为社会大众提供优质的绿色农产品，使其真正感受到绿色农业的好处；国家要主动承担特定比例绿色产品的收购、消费与储存任务，将产品价格权交还给农户，帮助他们提高抗风险能力；引导并帮助农户建立生产资料市场，确保所有的生产原材料都符合国家规定，得到可靠的绿色农业物资，严格控制成本与支出，提升农户种植的利润空间；帮助农户树立法律意识，坚决维护自身的权益，将所有的农业补贴发放到位，一旦出现侵权行为应及时采取措施降低损失；政府应提前做好部署与规划，带领农户抵御各类自然灾害，快速回归正常生活。确保绿色农业的健康稳定发展，进而推动国内经济稳步前行。优化市场内部结构，改善农户的不利地位，引导农户更好地参与市场，避免中间商操纵市场、控制价格，将农产品的价格交还给市场，让市场决定供求关系，形成科学的发展模式。

7.2 改善农村社会环境的对策建议

通过对农户参与绿色农业融资行为的影响因素研究发现，农户家庭成员的受教育水平对农户参与绿色农业融资行为具有较大影响。因此，有必要树立科学的农村教育改革发展理念，全面深化农村教育领域改革。

7.2.1 加快完善农村教育事业发展相关制度

支持农村教育发展需要体现在实际行动中，其中的一个重要目标就是促使教育公平得以实现，整个国家劳动者素质得以提升，最终完成人力资源强国的构建工作。在具体落实过程中，应注重加快完善各相关制度，以便为农村教育事业的发展奠定基础，其具体做法为：一是推进以县为主的教育管理体制建设及完善工作，不断实现教育经费融资渠道的多样化，同时注重提升县以上财政的转移支付能力；二是完善人事管理制度，推进财务管理制度的不断完善，逐渐实现农村学校的信息公开；三是注重提升农村的教师综合素质，推进农村教育质量的提升；四是为农民工子女具有公平的受教育机会创设条件。

7.2.2 优化农村教育结构

整个教育体系涉及到多个层次的教育内容，需要确保多个层次的教育均能获得均衡发展，并构建均衡的教育结构体系。积极推进学前教育的发展，在实践中落实第二期学前教育三年行动计划，同时，在农村地区积极推进普惠型学前教育的发展，做好质量监管等相关工作，使得农村学前教育质量获得提升。除去提升义务教育质量的需要，还要注重创造相应的学校办学条件，其中包括引入优质的师资力量、改善教学环境，给予农村留守儿童相应的关爱，完善寄宿制学校的基础建设。结合农村地区的实际情况，在这些地区逐渐普及高中教育，构建由省级统筹进行建设的教育经费保障机制；完善教师利益补偿制度，确保教师的利益获得有效维护；做好优质生源的合理调度，使得农村初中也具有向高中输送人才的名额。此外，还要把重点放在推进农村职业教育的发展上，且在发展农村职业教育的过程中注重强调与就业相挂钩等，在此基础上打造一支高素质的农民队伍人才。

7.2.3 引导社会力量提供高质量、普惠性的教育服务

通过实施税收优惠政策及财政补助政策等，支持社会力量积极参与农村民办教育事业的投资与建设。在获得捐赠法人等的同意下，可以合理引入公益信托机制，结合国家相关法律的要求，依法筹集办学的各项费用。与此同时，还应加强政府方面通过财政支持等形式向农村教育提供公共服务，确保农村教育的收费水平维持在较低的层面上。此外，还要注重引导农村民办学校提供具有普惠性及高质量特点的教育服务。积极完善相关政策法规，为支持民办教育提供法律及政策层面上的支持，注重构建良好的投资捐赠环境，为农村民办学校的创办提供资金方面的保障，避免出现短期办学行为。赋予民办学校及其受教育者公平的权利，也就是享有与公办学校及其受教育者一样的权利。

7.3 改善绿色农业生产的对策建议

7.3.1 推动农户绿色农业生产适度规模经营

通过对农户参与绿色农业融资行为的影响因素研究发现，家庭生产的绿色有机土壤规模对农户参与绿色农业融资行为具有较大影响。因此，有必要建立健全土地流转政策并加快绿色农业产业化发展，推动绿色农业中农户的适度规模经营。

对于农业的发展而言，良好的土地流转价格机制非常重要。为了健全这一机制，我们首先应弄清楚土地价格和土地流转价格的概念。土地价格就是指的土地盈利，也就是现在社会地租资本化方式的展现。而土地流转价格则是在此

基础上形成的比较明确科学的转出者既能够同意而转入者又有一定利润空间的土地流转价格，本质上也就是我们通常所说的土地承包经营权的价格。建立土地流转机制也就是说通过价格的调整，从而推动土地流转市场活动起来，逐渐调整土地市场的供需，使得土地资源的使用效率大大增加。对于土地转出方来说，通过转卖可以将自己无用的荒地或者其他用途的地转化成比之前更多更有效的经济收益。而对于土地转入者来说，则可以扩大自己的生产规模，进行更加集约化的管理，从而获得更多的经济效益。对于国家来说，则大大提高了土地的使用效率，也可以促使更多的农民向非农转移，使农村城镇化、城市化进程进一步加快。因此，建立健全土地流转机制对各方都将是一个重要且受益的举措。在这一过程中，我们知道，农村土地流转必须要有一定的价格，这就要求我们建立健全价格机制。首先，应成立相关农用土地的专业评测部门，将农用土地划分出明确的等级来，不断健全相对应的土地评估体系，构建更加合理科学的土地流转价格系统。在构建更加合理科学的土地流转价格系统的过程中，我们还应考虑到土地的位置、生产能力、流转期限、国家政策、社会经济条件、市场利率、农业补助和农村土地使用规划、公共设备、道路情况等等其他因素。因此，我们需要建立不是一个固定不变的土地流转价格系统而是一个根据相关因素变化而随时变化的流动的土地流转价格系统。我们需要在综合各种因素的基础上确定一个基本要求，从而根据相关因素的变化及时调整相关价格，并对其变化进行监督、研究。与此同时，政府还需要制定规范土地流转规则，确定土地承包经营权流转的最低线，避免恶意收购，增加对低价恶意竞争行为的查询力度和打击力度。

逐步完善土地流转风险屏障正是由于土地承包经营权的流转存在着不可预知的风险，在进行有关土地流转的交易时应该先对土地转入者从经济以及信用等方面进行全方位考察，然后再确定土地流转合同。在商定合同内容时，需要在合同中清晰明了地标注出一项规定，那就是转入者必须要每年缴纳一部分风险保证资金，从一定程度上降低转出者在将来可能会遇到的某些风险所造成的威胁。除此之外，还需要将转入者缴纳的资金保留一些，避免转出者将来毁约而给转入者造成损失和不良影响。而双方的保证金则应该交由土地流转管理部门一并管理，在合同到期后再把保证金还给双方。除了以上这些之外，政府还应当建立一个作为中介的土地流转担保部门来减小土地流转过程中可能会出现的风险。

逐步建立一个将村级调节作为根本，仲裁部门依法裁定作为主成部分，依法诉讼作为后备的土地流转矛盾化解机制，并在一定程度上给予财政补偿，这样就可以尽可能快地化解土地流转过程中出现的矛盾。健全这一机制，可以从三个方面来进行阐述：第一，土地流转矛盾问题的预先处理力度应该有所增加，同时应该深刻了解"确权"的主要作用。有关农户以及承包土地的确权证发放工作要做好，能够处理好化解土地流转过程中可能会出现的一些隐患问题，尽量避免由于没有清晰划分土地承包界限所导致的土地纠纷这一不良事件的发生。第二，需要健全土地承包流转矛盾解决机制[180]。要能够在第一时间完善具备诉讼、裁判、协商等内容并具有多样性的矛盾解决机制。快速地化解矛盾，坚决抵制强买强卖的现象，尽量减小隐患的出现。第三，建立矛盾裁判部门。矛盾裁判部门应该在各市都建立起来。在各镇纷纷设置农村土地流转矛盾调解委员会，在土地流转过程中出现的各种纠纷问题都要仔细地进行分析进而寻求解决的办法，实现土地的正常流转。

7.3.2 建立健全绿色农业产业化经营体系

增加绿色农业方面的土地出产率，能够在一定程度上调动土地转入者在土地流转活动中的积极性。这里有两个增加农业土地出产率的方式，其一，城市可容纳一些来自农村的剩余生产力。其次，则可以利用城市拥有的资金和技术保证农业现代化的实施。而使农业现代化得到高速发展的路径是实现农业的产业化运营方式，与此同时，这种方式还能够从整体上推动农业的现代化发展。农业的产业化运营将增加相对效益作为核心，以坚持市场作为指导，其中视产品、产业为关键，将产品的生产、加工和销售紧密地联系在一起，意在发展一体化经营。土地等生产要素的自由流转是实现农业产业化的发展要求与前提。在发展农业产业化经营的同时，也可以很大程度上提高农产品在市面上的影响力，对土地流转活动的经营也有着很大益处。

一是利用科学技术实施兴农战略，提升农业相对效益。注重科技在农业中的重要性是做好这一点的必要前提。首先，国家财政在农业科研方面应该给予一定的支持，很有必要加重农业科研方面在国家所有的科技项目中所占的比重。

其次，应该增加科技的应用。同时，还要不断改良生产设备、改善生产条件、扩充农业劳动人员等。再次，利用高科技来发展农业。对于生态环境的保护和病虫害的预防、治理方面的能力应当加强监督。最后，要做到快速建立农业科技推广系统。全面发展农业技术推广项目，帮助各相关科研部门和社会中的一些企业取得联系。让农民进行科技培训，从而利用更先进的技术实现农业现代化的进程。

二是尽可能地争取得到更多的资金。探索研究出一系列有关于金融、财政的农业发展扶持政策对农业的运营规模以及农业产业的飞速发展有着重要推动意义。具体地说，可以从五个方面来争取更多的资金支持：改善当前国民收入局面。在国家财政、信贷投资等方式中实现均衡的投入比例。应该逐渐加大对于农业以及农村的投资；拓展公共财政覆盖；提高耕作土地的占用税收，在新税收之中增加一条服务于三农的事项；建立多元化农业发展资金，尽量争取资金来支持农业的发展；不断革新信贷模式。总之，必要时需要采取多种手段以及担保形式从根本上解决农业资产企业缺少资金的难题。

三是加大建设农村基础设施的力度。加大基本设施建设力度大致上可以从三个方面来阐述，一是加紧修筑农村道路，为农产品的外销提供便利的交通；二是增强对农村基础设施的建设，从而达到从整体上提升农业上的抗灾能力以及整体上的生产能力；三是为农民营造一种良好生活环境，这样有利于提高他们在农业方面的生产积极性，继而推动农业向产业化经营的发展。

7.4 健全绿色农业政策体系的对策建议

前文分析结果表明，国家对于绿色农业的扶持政策对于农户参与绿色农业融资行为具有较显著的激励作用。因此，应从以下方面加大国家对于绿色农业的扶持力度。

7.4.1 完善绿色农业产业化扶持政策

相关政府部门积极制定补贴政策，以此来推广绿色农业，使得绿色农产品的各个阶段都有一定的补贴措施。首先是对农业生产过程中所必需经历的相当长时间段内由普通到绿色农业的转型期间给予一定的补贴。这一转型期需要持续三年甚至更长时间，若没有相对应的补贴机制，转型必将失败。在转型期间生产出来的农副产品的合格率较低，这个时候就是按照绿色产品的生产投入也只能得到普通产品的销售价格，若没有补贴机制，很多农民甚至会没有收益，转型之路困难重重；另外，绿色农业产品的认证之路对普通农民来说也不是轻而易举的，这就需要相关政府部门的扶持，否则即便生产出绿色产品也得不到市场的认可。就中国目前的农业产品市场而言，转型期间的绿色农业产品的认可程度较低，很难筹集到转型资金。面对上述情况，只有政府部门出面。出台各项转型优惠措施并辅助于一些财政补贴，才能真正确保农民与农业转型成功。其次，绿色农副产品的种植等成本远高于普通农副产品。虽然成本高，但是对人类身体的健康以及生态环境的保护方面有着很大贡献。因此，从长远角度考虑，这必将是我国未来农业发展的必经之路。因此，在现阶段，由于各种原因，绿色产品的种植成本还是较高，为此，政府必须要给予一定的补助刺激农民持续发展绿色产品。再次，在对绿色产品的种植以及产品认证过程中给予补贴后，我们还要想到关键的一点，那就是销售—只有将产品售卖出去才能得到应得的收益。绿色产品的售卖成本也是很高的。一般而言，我国的绿色产品主要用于出口，这就面临着运输成本的考验。因此，还必须给予农户一定的售卖补贴。随着国内的食品安全问题频频发生，人们对食品安全的重视程度也越来越高，绿色食品也因此得到了更多人的认可。但是反观绿色食品种植，绿色农业发展增速缓慢，已逐渐不能满足人们不断增长的需求，国内绿色产品种植市场的扩大已经迫在眉睫。另一方面，国内的绿色产品销售价格较低，农户的盈利空间也较低，大多数农户还是会选择将产品进行出口。为此，只有政府给出相应的统一补贴，才能更有效地促进出口转内销。

7.4.2 对绿色农业产业化各阶段实行税收优惠政策

众所周知，税收的一大作用就是均衡经济的发展。在绿色农业产业化的发展过程中，税收部门会根据不同的情况制定实施不同的税收办法。对于正处于转化过程中的绿色农业来说，由于其投入成本过大而盈利空间较小的现状，税收部门应制定符合本时期的绿色农业的税收政策——减免税收，使绿色农业的经营者减少对绿色农业的经济投入，使其可以将更多的资本投入到绿色农业发展的技术领域等其他方面，支持绿色农业的发展。但是税务机关虽然应该对已经认证过的绿色农业给予支持，但这也并不是一劳永逸、没有限度的，绿色农业在早期的发展过程中确实需要进行减税或者免税，但是这需要有一定的期限，在期限到的时候或者绿色农业已经进入到成熟发展期的时候，税务机关需要及时调整相关的税务政策，使得整个税收体系更加健康，将税收支持投入到更加需要支持的领域中，而不是一直停留于其中的一个领域，这对整个社会来说才是更加有益的。郊区农村以及某些偏僻的乡村，是绿色农业发展并让其发展成为一种产业促进经济发展的大本营，政府不仅应当对其给予减税或者免税支持，而且还需要根据具体的发展情况给予农民以相应的支持，如技术支持、经济补贴等，来帮助农民脱贫致富、过上小康生活。政府需要给予种植绿色食品的农民的补贴应当远远高于其他方面的投入。据统计显示，我国农村地区每年会新增将近1000万左右高中和高中以上理科的学生，这些经过高等教育的学生对于新事物、新理念的接受能力都比较强。因此，当地政府可以积极引领这部分人回乡创业，对他们进行绿色农业种植方面的相关培训，使其可以积极投入到绿色农业的种植大军中去，推动绿色农业的产业化进程。与此同时，政府需要不断加强农民绿色产业基本配置的建设，如在农村铺设信息网、覆盖网络，使农民可以开展农村电子商务，从而降低农民对于信息化建设的投入，并积极开展培训，带领农民把绿色农业向专业、节约和规模化方向发展。

7.4.3 积极开拓绿色农产品市场

1. 加强绿色农产品市场建设。政府需要加强对绿色市场兴建的支持力度，制定绿色农业的环境准则和法律规则。当前，由于人们的环境保护意识正在随着时间的发展而逐渐提升，绿色农业经济的市场需求也逐渐扩大，目前绿色农业的经营者、绿色农业的企业和绿色农业产品都已满足不了市场的需求，因此，政府需要积极维护市场秩序，加大对绿色农业的产品支持力度，缩小绿色价格和非绿色价格之间的差异，逐渐引导市场竞争的重点向绿色农产品价格竞争方向转变，避免绿色农产品价格超出合理的范围，同时坚决打击假冒绿色产品、欺瞒消费者获取不当利益的商家和种植者。政府还需要加大宣传力度，积极利用电视、报纸等各种媒体进行各种相关培训，引导农民正确对待市场竞争，避免恶性竞争，以保护消费者的利益，使绿色产品市场逐渐形成并确立健康的经济秩序。

2. 加大对绿色农产品的支持力度。由于绿色农产品的投资大，收益不确定,存在很大的风险,因此政府应当加大对绿色农产品的支持力度,如对相关绿色农产品的种植者提供一定的财政补贴,或对绿色农产品市场进行价格保护,以降低农户经营绿色农产品的风险,引导更多的农民、企业进行绿色农产品的投资和生产,如在德国,德国政府每年给予每公顷种植绿色农产品的土地补贴300~500马克,这一举措大大提高了农户从事相关行业的积极性,同时,也在一定程度上降低了绿色农产品的产品价格。与此相配套的是,政府需要对破坏环境的企业收取相关的环境治理费用,以使那些为降低成本而选择破坏环境的企业增加成本,促使其及时调整经营战略,转向绿色农产品的生产,这样也在某种程度上缩小了其与绿色产品价格的差异,提升了绿色产品的市场竞争力。像荷兰的国家税收中,大气环境征收的税款在全部税收中占14%,相当于GDP的3.2%,同时荷兰法律规定,大气环境征收的税款不能随意使用,必须要用于环境治理和环境保护。而法国则将环境税收的95%以上都用于了环境保护方面。

3. 提高人们消费意识和消费能力。绿色农产品的消费不仅决定于人们对于绿色产品的认识程度,也决定于消费者的消费能力。绿色食品在我国兴起的时间较短,大多数国人对绿色食品的认知还停留在最初阶段。据很多机构做出的调查表明,大多数消费者仅仅简单地认为绿色食品是对人身体健康无害的食品,对绿色食品对环境无污染和能耗相对其他较低的理念则不太了解。再加上我国才刚刚进入到小康社会的初级阶段,人民的消费水平还十分有限,以往的消费习惯和消费观念还未彻底改变。由于绿色产品相较于传统的农产品价格偏高,因此,在国民绿色消费理念的养成过程中还有很长的路要走。在这个过程中,最具决定性的是要提升国民的消费能力,只有当国民的消费能力达到一定程度后,绿色食品才能真正在国内流行起来。因此,我们要继续坚持以经济为中心的基本国策,大力发展生产力,提高人们的生活水平。只有当国民的物质能力达到后,才能避免虽然国民知道绿色产品的好处,但因为没有与此相对应的消费能力,所以只能继续选择那些价格便宜的非绿色农产品情况的发生。总的来说,就是将改变消费意识和提升消费能力两手抓,二者并举,才能真正让绿色农产品成为市场的主流。

7.4.4 加大绿色农业政策性金融支持

我们要想从根本上解决绿色农业资金匮乏这一难题,就必须让政府部门、金融单位、合作社及农民彼此合作协调，综合考虑农户实际生产情况，并以其为起始点，形成良好的市场协作机制，方能使绿色农业产业化的信贷政策更加具有方向性。当前甚至是未来的很长时间内，政策性制度将带动国内绿色农业健康快速发展，形成较为成熟的机制。那么，在实际操作过程中必须注意以下几方面内容：

第一，形成商业性金融制度。农村信用社要积极实施战略转型。引导绿色农业快速迈向产业化，实现新的发展与前进，在农村拥有核心地位的农村信用社要积极主动实施战略转型策略，尽可能寻找县级与县级以下区域的金融潜力，积极拓展绿色农业的资金来源，优化农村地区的金融结构，降低市场中信贷风险，最终实现可持续发展的目标。积极建立资金回流制度，引导民间资金进入农村地区，加快绿色农业的发展。不单单要针对邮政储蓄业务大力推进分账核算模式，也要把更多的资金使用权下发到邮政储蓄银行，同时主动承担对应的风险。实现邮储资金的自主运营，将更多的业务与资金倾向于绿色农业，结合实际情况为绿色农业的发展提供足够的资金，引导更多的资金流向农村地区，形成良性循环，促进农业健康快速发展，实现绿色农业的战略目标。建立乡村银行发展制度。借助其资金与政策，构建起包括新建与存量变革农村民营银行模式的促使绿色农业发展壮大的新模式。与孟加拉国的乡村银行相类似，农村民营银行也是在外界环境成熟之后百分之百利用民间资本并遵守市场准则的乡村银行。某些商业银行和农村信用合作社在县级以下地区的分支机构重组整合后就形成为了存量改革农村民营银行，其是对新建立的农村民营银行的一种替代与创新。

第二，利用合作性金融来推动绿色农业的快速发展。绿色产业借助协调性金融单位来保障自己的资金充裕，与此同时也与信用社强强联合来巩固并扩大自身业务覆盖面积，尽可能地将产品价格交还农户，促进行业的健康快速发展，实现预期的战略目标。协调生产与销售的关系。一般情况下，合作性质的金融单位具有较为宽广的业务领地，金融及流的通业务都隶属于其业务领地范畴，所以它能够为政策性及低息融资保驾护航，其连锁店能够在一定程度上梳理产品流通渠道，第一时间将最适宜的资源提供给农民用户，借助于巡回收购将绿色农产品销售渠道提供给地处偏僻的农民用户，农民用户将以协作的形式主动参与到农产品的整个生产与销售环节。依照不同作物的种类实施分班建组，把绿色农产品收购要求及商品进行固定及量化，构建绿色农产品产销一条龙体系，以此增强绿色农产品的国家市场竞争力，并将绿色农产品打入海外市场。与此同时，农业合作社与贸易组织也要联合起来，推动国际化进程，将绿色农产品打入国际贸易市场。展开合作加工。农业合作社应积极参与市场交易，这样可以切实保障农户的利益，形成完整的供应链，带动加工行业快速发展，提高产业附加值。积极开展技术指导与培训。农村合作社积极引入新的技术与理念，切实推进优质的项目，帮助农民谋取福利，在信息、教育及培训等方面最大限度地为农民提供便利条件。

第三，利用民间性金融来推动绿色农业的发展。把正规性的金融市场与民间性金融市场有机结合起来，共同为绿色农业的发展服务。同时，优化金融单位自身的内部结构，形成良性循环，凝聚力量保证可持续发展目标的顺利实现。始终秉持合作金融准则并吸收国内外的经验教训，不断促进民间金融在资源协作的"正规化"，构建复合化的信用合作社组织体系。以县级绿色农业发展为基石，实现信用社自下而上的逐级参股、上级信用合作社服务下级的信用合作金融组织体系，为政府监管合作金融组织提供便利，将行政性赋予到中央级的信用合作社，建立实时监督制度，确保结算与调度的合理性，在基于所有业务顺利展开的前提下，最大限度地提升其资金使用及服务质量。

第四，切实推进政策性金融制度。只要是政策性金融都会带来明显的阶段性，在政策演进及绿色农业产业化上我们都能发现这种阶段性的蛛丝马迹。在我国绿色农业政策不断完善与绿色农业快速发展的社会背景下，政策性金融的服务对象、服务范围以及具体形式都发生了翻天覆地的变化。而政策性金融本身则具有差异性。按照其支持情况可知，政府在积极地引导与保护绿色农业的发展与改革，然而，不同地区的绿色农业产业的发展也不尽相同，因此必须要按照现实情况划分界限。不同地域也要根据自己的具体情况颁布科学的政策。借助政策性金融本身的专项性。结合政策性金融的非竞争性及非盈利性，我们可以将政策性及商业性金融区分开来。它的资金运营及配置在政策性金融这把保护伞下极易出现集中的现象，但是，政策性金融信贷资金就信贷结构而言其专项性较强。我们要封闭运营及监管部分专项信贷资金，以求信贷资金的高效

7. 优化农户参与绿色农业融资行为的对策建议

益型及流动型。积极预防政策性金融本身的风险性。站在金融风险的角度，由于政策性金融资金来源比较特殊，而且政府具有保驾护航功能等特点，市场运行"零风险"比较显著。然而，以农业政策性金融视角分析可知其风险仍然存在，被服务的对象为出现风险的原始点。比如农业发展银行设置的粮油专项收购信贷，由于最近几年国有企业效率直线下降，导致信贷危机或者库存价值严重缩水，而绿色农业往往取决于政策性金融，所以农户一定要最大限度挖掘信贷资金的使用效率，进而才能够最大限度地规避政策性金融引发的风险。

7.4.5 推进绿色农业价值链融资发展

1. 加强农业产业化经营中绿色农业价值链融资的扶持力度

伴随农业产业化进程的不断推进发展，与农业发达国家相比，我国对绿色农业价值链的扶持和支撑力度都不够大。分析可知，绿色农业价值链是农业产业化经营的主要融资方式，因此要准确认识并把控农业产业化运营中绿色农业价值链的基石位置，加大力度并最大限度挖掘其作为基石的重要作用。商业银行拓展绿色农业价值链。商业银行应扩大对农村地区的融资，当仁不让作为农业资金的后盾，最大限度地挖掘其在县级地区的资金、网络及专业方面的有利性，为农业产业化运营的可持续发展保驾护航；商业银行在为位于绿色农业价值链中的前端的企业提供资金援助的同时还应向其他位置的企业伸出橄榄枝，向农户生产、农业基础设计建设及农业研究等方面提供金融帮助，只有进行了详尽的调研之后才能对绿色农业价值链进行融资。还有就是，商业银行可以向中国银行寻求一些有关农业优惠方面的贷款，用以缓解支农资金短缺的压力，进而将支持农业现代化建设的范畴进一步扩张，加大支农信贷比重，为农业产业化提供更多金融保障，为其发展壮大保驾护航。农村合作金融机构对绿色农业价值链的不同融资主体提供差别服务。农村合作金融机构作为农村金融的主力军，以农村信用合作社为代表，促进农信社的合作变革创新。针对绿色农业价值链的融资，第一农信社要通过偿还贷款来控制信贷融资风险，第二是综合考虑价值链的稳定性能及联动能力上控制信贷风险，对传统的农业信贷信用评价的模式进行改革创新。农信社必须综合考虑农业价值链的实际情况来变革贷款程序，在综合考虑稳定性能及收益能力的情况下分级管理融资主体，提供更具有针对性、更符合实际情况的服务，使其灵活性更强，结构更加简化适宜、优化贷款质量，为农业产业化清除阻碍，确保其健康可持续发展[181]。

2.扩大招商渠道，积极鼓励社会资本参与到绿色农业发展事业中。因为农业产业化运营离不开资金，所以我国一定要尽最大努力将各种资本引向农业产业化方向。所有的资金资本运行都要遵照市场准则，政府应大力拓展招商渠道，利用宏观调控模式来合理指挥配置各种资本金，确保资本金全部都是为实现农业产业化而服务的。解决农业产业化经营资金来源的问题，除不断促进绿色农业价值链的发展壮大、积聚价值链的自身资金之外，其最好的方法就是尽全力对农业进行招商引资，最大限度发挥工商资金在壮大农业价值链中的作用。其具体措施包括：积极倡导农村开展绿色农业价值链。在合适的条件下，赋予农民更多自由权，如可以自由转让、入股和出租土地承包权等，为农户间承包土地的流转集中提供便利条件。引导股份制企业的发展壮大，进而带动其他企业，在发挥自身带动作用的基础上很好地确保价值链的稳定性。可以将价值链设定为基石，挖掘出更多的招商引资项目，吸进资金，促进农业科技的发展，并不断建设、完善我国的农业价值链基础设施，使农业生产运营更具有组织性，促进工商企业和农民更好地融合为利益共同体，促进土地经营不断规模化。就绿色农业价值链而言，其整体稳定性和盈利能力在很大程度上直接取决于后端企业，因此必须要正确引导后端农产品加工企业的发展壮大。事实上，农产品加工企业最大的特色就是集农业和工业于一体，这在某种程度上也就意味着商业资本可以进入到农业发展中。比如：工商资本的参与可最大限度的缓解农产品加工单位的资金压力，并借助研发和加工技术的创新来收获更广阔的市场，为农产品销售提供更广的渠道。与此同时，在发展绿色农业价值链的同时还可以积极引进民间资本。事实表明，非正规金融也有一定的合理性及高效性。对非正规的农村金融加以管束，并给其留足生存空间，可以吸引较多的民间资本积极参与到现代农业发展中来。作为金融管理部门，必须要利用合理的方式将可能出现的风险降到最低。在农业价值链发展完善进程中，非融起到了双重作用，一些国家将非正规金融引入到阳光工程中，借助代理制使正规和非正规金融协调合作，在农村金融领域，正规金融分一杯羹给民间非正规金融，这样既能加强对其风险的掌控，更能够更好地监控非正规金融。运用资本市场，筹集农业产业化经营所需的资金。近几年，诸如新疆库尔勒香梨股份有限公司、四川禾嘉股份有限公司等，借助于资本市场，一部分农业企业取得了一定的成功，由此可知加强对资本市场的支持是十分重要的，利用资本市场筹集资金可以大大促进农业产业化的发展和壮大。与此同时，也可以利用其来积极鼓励并引导价值链中龙头企业的发展。首先，对于那些运营状况不错、有发展潜力的企业来说，可以通过股票市场来筹集发展所需要的资金，为其发展壮大提供支撑。其次，农业龙头企业的不断发展壮大在很大程度上给传统运营模式带去了冲击，应创新运营模式，使其更高效、规范、更符合现代化企业规定，加大农业产品及附属品在市场中的占比。再次，借助资本市场的自我调控，使农业企业能够获得高质量的资产，对农业产业的构成进行优化和配置，加之兼并、收购、整合等方式，使农业产业集团化、规模化，要求出现更多更好的龙头企业来带动整个农业链的发展，为农户赢取更多的收益。搭建产权交易市场，合理分配并调度资源，提高资源的利用效率。再加上股份制企业的不断发展壮大，给企业明确产权、量化资产提供良好的外部环境。另外，要积极发展产权交易市场媒介，大大提高农村资产资本化程度，为农村资本市场的扩大奠定良好的基础，并将农业产业化运营中的融资通道进行拓展。借助"回引工程"来回吸务工收入。就目前的农村状况而言，外出务工人员数量越来越多，导致社会闲散资金也越来越多，其具有巨大的投资潜力。所以，必须千方百计借助一些环境、政策手段开展"回引工程"[182]，将那些拥有资金、技术、能力的人员回引，联合当地农民共同开办农业企业、创立农业产品基地，吸收更多的民间资金进入到绿色农业价值链中，以缓解其资金不足的压力。支持私募股权基金进入绿色农业价值链。近年来，私募股权基金提供了融资帮助及专业化的指导给我国的中小企业单位，使其得到了较好的发展壮大。针对私募股权基金在农业中的应用，我国应当给予更良好的外部环境，进而最大限度地发挥其应有的作用，增强其在市场中的竞争实力。

  3.进一步完善价值链融资保障体制。绿色农业的发展不可能一帆风顺，必然会伴随出现各种各样难以预测的风险和损失。因此，在发展绿色农业价值链的过程中，足够的资金支撑是非常有必要的，而针对我国农村保险欠缺的现状，我们必须要着力发展农业保险，同时建立相对完善的农业保险机制。政府有必要以最快的速度颁布农业保险条例规定。当然，在制定条例时必须要参照我国农业的实际发展状况，不断提高农业保险的专业性，同时还应有针对性地开展农业保险活动。在构建农业价值链融资保障体系的进程中，要有重点、有目的地构建种类繁多的农业保险保障体系及农业的保险市场机制，政府有义务激励并指导商业保险公司针对农业保险的实施再保险。另外，针对巨大灾害应当设置风险基金，理赔时要按照一定比例进行，这样做的目的就是最大限度降低在农业生产过程中出现巨大灾害的风险。利用实践反过来完善农业保险体制，确保农业价值链在农业产业化运营中能够源源不断、高效率的地得到金融帮助。

4. 构建完整的绿色农业价值链融资的信贷担保集制度。为了尽可能为企业的融资提供便利条件，我们必须要对绿色农业价值链融资的信用担保机制进行完善。将绿色农业价值链里面关联性较强的各环节主体的互助担保作为绿色农业价值链融资的基石，将担保与再担保机构不断健全。农业价值链中的领军企业、农业领域里面的中小加工企业和农户通过担保机构和再担保机构来进行担保与再担保。担保与再担保机构联合财政部门、人民银行等形成良好的担保机制，解决绿色农业缺乏资金的问题。构建完善的绿色农业价值链信用担保制度，帮助农业得到足够的金融性支撑。

7.4.6 扶持互联网 P2P 融资对农业务

结合本书的分析，互联网 P2P 融资模式能够促进农户绿色生产的投入，增加农户收入，但由于农户受教育水平有限，对互联网金融不了解，因此在农村地区，互联网金融并没有渗透到千家万户。一则，唯有在同时具备良好的专业理论以及网络技术的基础上才能够更好地发展互联网金融，而农户对于互联网金融却知之甚少；二则，根据笔者的观察，互联网金融之所以没有在农户范围内普及开来，最关键的因素是由于农户对互联网金融存在着不信任感，进而使得他们在实践中不会积极主动地去接触、学习。同时，互联网金融平台在实际运作的过程中的确出现了这样那样的问题，如操作欠规范性或是技术漏洞频现等等。无论是操作的欠规范性还是互联网金融平台中信息容易泄露的情况均引发了广大农户的担心，进而使得他们不愿也不敢选择互联网金融。与此同时，互联网信贷的资金成本较高，大部分的农民用户无力承担。同时，实际利率无法达到预期水平，甚至两者相去甚远，这也是导致绝大多数农户不愿通过网络进行融资的重要因素。鉴于此，本书从以下几方面提出改善互联网 P2P 融资模式的对策。

1.P2P网贷对农业务发展对策。必须始终将小额化和分散化作为首要准则。对于绝大多数网贷平台而言，特别是纯信贷平台，通过实施小额化、分散化的信贷准则。能够有效将风险压缩到可控的范围内，这同经济学原理是一脉相承的。同时，这也是为什么P2P业务发展到今时今日依旧能够平稳做大的制胜法宝。举例来说，阿里小贷就是最好的说明。从2014年2月的统计数据来看，有高于1700亿元的贷款投放，然而平均到每一客户，其额度不会高于4万元，不良贷款率不足百分之一。除此之外，单纯站在资金保障的立场上来讲，绝大多数企业不会投入巨大比重的资产作为风险储备金。因而，倘若实行小额、分散的信贷准则，那么风险储备金能够在不良贷款发生时恰如其分地起到风险保障的作用；当然，倘若融资项目过于集中，或是单个项目的融资较大，那么只要发生几次违约的情况，风险储备金就会被消耗殆尽，无法充分发挥出良好的保障作用。但是，将小额化作为首要原则的关键在于对管理风险加以严格监控，这是信贷平台最终要做强做大的根本。倘若要扩大业务范围又始终保持小额贷款，参与借款者人数势必会激增，进而促使企业经营规模飞速扩展，导致企业管理面临着重要压力，管理风险显著提升。因此，我们必须一步步、循序渐进地使用技术要素，进一步增强信贷的有效性及高效性[183]。深耕专业化。网络信贷平台有其专业化优势，一是在一些专业领域中具有较多的经验，使其能够顺利运营。二是借助于专业化的网络信贷平台，可以最大限度地降低资源消耗量并压缩业务成本。三是在甄选网络信贷平台时，投资者的目标性较好，可最大限度避免盲目选定平台，这样可以最大限度促进网络信贷平台健康的可持续发展壮大。专业化平台是大势所趋，是发展的主流方向，房金所———一个互联网房地产金融服务平台于2014年7月15日上线使用，目前有不少网贷平台仅仅推出了车贷或房贷融资业务。随着网贷平台的相继建立，市场竞争也日趋激烈，因而对P2P网贷市场进行有效细分，并在各自领域实施专业化运作将是各大网贷平台做强做大的不二选择。要建立一个安全的平台系统，不仅需要做好硬件建设，同时也要加强软件建设。在硬件建设方面，关键在于强有力的技术支持，对系统进行定期的升级和维护，为信息安全保驾护航。从软件建设方面，首先应当注重培育员工意识，加强相关制度的建设，规范整个管理的流程，从而让员工形成信息安全的理念，防止信息出现对外泄露的情况；注重对用户账户操作进行有效监管，并对核心数据库的情况按时加以审计，从而有效防止某些非法操作用户资金账户的状况存在；根据实际构建第三方资金存管制度，有效防止资金挪用等情况出现；设立分级保密制度，注重客户信息的保密管理。不同层级的业务员所接触的保密层级存在差异化，业务员仅仅只可接触相应级别的信息。采取更有效的资金保障模式。当前，我国 P2P 网贷平台大多选择运用风险储备金与担保模式这两种模式作为其进行资金保障的有效方式。从实践来看，风险储备金存在着覆盖有限的问题；而担保模式则基于各类繁复的利益关系，使得其往往无法将资金保障功能很好地发挥出来。CDS 又称信用违约掉期，其是一种新兴的资金保障模式。这种资金保障模式不仅吸纳了保险工程学手段，同时也融合了金融工程学方法。CDS 的运行模式为：投资者利用一部分的利息收益来投资 CDS 服务；CDS 服务供给方全面、科学的评价、审核借款人并给借款人进行定级以最大限度的保护投资者的权益；在综合考虑评级报告的基础上，投资人进行放贷。一旦遭遇到借款人背弃合同约定，CDS 服务方首先必须要对投资人的应收款项进行偿还赔付，进而其角色转换为债权方。网络信贷在实践中可起到风险缓释工具的作用，其占所有信用衍生工具市场超过 97%的份额。网络信贷平台可以学习这一方法模式，吸取精华为己用，进而使 P2P 网络信贷风险处于能够被控制的范围之内。利用上述对策，P2P 平台能够吸引更多具有投融资需求的人驻足，也能够有更多的人参与到 P2P 网贷中，人们对平台的信赖感将会显著提升，实现 P2P 平台可持续发展及压缩网络贷款的资金成本的双赢局面，更好地为农户提供服务[184]。

2. 政府服务与监管建议。对社会征信体系进行健全与完善。对于市场经济发展来说，信用是推动其健康、可持续发展的先决条件，假设离开了信用，网络经济的发展更是水中月、镜中花，倘若社会没有建立起一套科学、完善、切实有效的征信体系，同时如果在整个社会的市场中以信用为基础所开展的交易数量众多，则会给整个社会的发展带来无穷无尽的灾难。尽管我国当前在不同行业和领域都存在着独立的征信信息，举例来说，银行有专门建立的征信系统，而社保局则拥有社会中所有参保者的信息，社区拥有辖区内人员的基本情况。然而，这些领域都是一个个独立的个体，进而导致征信信息无法有效进行融会贯通，没有办法构建起一个完善、全面的征信系统，将各行各业各领域的数据整合到一起，共同发挥作用。在此背景下，由于农户无法提供相应的信用证明，因而无法依靠自身的信用获取贷款支持；同时在无法获取融资、借款对象信用信息的状况下，通常来说，投资人不愿也不敢将自己的投资款借给融资者；不仅如此，网贷平台自身的对外信誉情况也是是否能够吸引投融资双方的一项重要因素。可以这么说，除却那些抵押或质押的贷款之外，目前我国几乎所有的P2P网贷平台中，投资者都会冒着极大风险。因而，根据笔者的观点，只有社会征信系统足够健全、足够完善，能够覆盖到公民的方方面面，农户才能够真正参与到网贷中，并通过网络P2P的方式获得资金支持，使融资需求得到满足。

建立一套完善的个人信息保密制度。网络技术革新不仅带给社会更好发展的契机，同时也会引发各式各样的诈骗，诈骗的内容以及手段层出不穷。诈骗者之所以能够获得受害人的信任进而屡屡得手的关键性因素在于受害人的信息被泄露，诈骗者利用受害人的信息使其放松了警惕。基于先前的调查，我们发现，这也是为什么绝大部分农户对互联网金融持有观望态度，不愿也不敢涉身其中的关键要素。因而，我国必须加强法制建设，通过立法对泄露公民个人信息行为加以规制。举例来说，设立专门的个人信息保护法，拥有民众信息数据的团体及个人都要严格遵守个人信息数据保密制度，签署保密协议必须要和信息数据的获取同步进行。按照法律法规可知：非法提供、外泄民众个人信息数据的团体及个人，根据其情节轻重给予相应的经济处罚，更有甚者会将单位执照吊销，交由司法部门进行审判严惩。同时，那些个人信息被非法泄露的公民具有对信息泄露方进行追责的权限，要求信息泄露者对其直接经济损失以及间接损失等进行赔偿。必须加速相应法律法规的出台。当前，P2P网络信贷平台存在着质量水平良莠不齐、千差万别，更有甚者其开展的业务活动还突破了法律的边界，部分平台在进行注册登记时，经营范围仅仅涉及电子商务、信息服务等内容，因而，由于金融行业本身存在着一定的特殊性，我国要采取措施来监督管理P2P网络信贷行业，目前由中央银行领头，我国正想方设法通过立法的方式确保互联网金融在未来一段时期能够健康壮大、持续走远。然而，更加重要的是建立一套科学、完善的P2P网贷专项法规体系。唯有如此，才能有效应对P2P网贷发展过程中所出现和面临的种种问题，进而有效改变目前相关法律空白的不利局面。

7.4.7 推动农民互助合作金融发展

就某种程度而言，我们可以将改革定义为是对制度的一种供给。制度需求方和供给方的较量就是改革决策的实质。由此可知，利益较量就形成了农村金融改革，它可将农村的权益进行二次重新分配。注重农户参与和为其供给适宜的制度是农村金融变革的核心，也是其重中之重。由于农民用户金融需求多种多样、分布散乱、文化差异性较大，这就要求我们必须构建起多元化、符合实际情况、成本较低的金融制度来满足农民用户的金融需求，形成"扎根农村、源于金融，重在协作"的联合型金融体系。

1. 建立农民互助合作金融发展的政策支持体系。我国农民用户的信用圈比较集中内敛，社会信用缺少向外扩张的诉求及能力，所以农民用户的社会协调合作性及认识都较差，农村合作金融只有借助于外界的强大力量才能够产生形成。因此，政府必须参与到农民互助协作金融的发展进程中，并合理控制政府的参与度及范畴，最大限度地保留其草根性，始终秉持自主自愿的基本原则，最大限度的规避其"官营化"风险。如若政府成为主导力量，很容易破坏固有的内生性。比如，农村信用合作社和农业合作基金会均明显指出一旦依靠外生的政府力量建立农村合作金融，就会使农村合作金融与农民相背离，主控权丧失，使其只是具有合作的外表，而没有合作的内在[185]。培养农民社会合作信用意识，构建"示范－扩散"机制。农民合作、互助意识是发展农户合作金融的基石，然而，现如今农户信用正处于转型的状态，农户对与合作相关的理念和意识缺乏较为深入的认识和理解，导致在真正合作过程中难以掌控各项原则。因此，要求政府多多开展诸如投票制度、产权知识等与民主决策相关的活动，为农民宣传更多互助合作的金融理念。另外，考虑到农村缺少物资这一特点，农民用户在认知接纳新鲜事物时会受到"示范效应"的制约影响，这是农民用户在难以承担金融风险的情况下自主生成的一种风险规避机制。由此可知，我们应该引入示范在先、推广在后的模式开展活动，对那些拥有较高先进性及发展潜力的金融团体，政府可以给予一定的帮助，使他们能够在合作组织的范畴中顺利发展壮大，同时提供政策支持，使其发展成为行业的领头羊，使其能够健康、可持续地发展壮大。纵观发达国家农村合作金融的发展历程可知，合作金融的可持续发展离不开政府支持政策的保驾护航。诸如 USA 的联邦土地银行，在其刚成立时，主要是依靠政府给予的资金，来源于政府的资金比重高达 4/5；日本政府在日本合作金融组织成立之初给予了较大的帮助扶持，依靠政府 20 亿日元投资的日本农林中央金库得以成立。中国的农民合作金融组织具有规模较小、资金匮乏、抗风险能力弱等特点，所以非常需要国家政府的支持扶助。首先，在综合分析国家既有税收政策的基础上，积极制定颁布一些减税利民政策；其次是简化审批、登记、注册、信息获取、技术培训教育、社会保障等程序为其服务；最后就是要构建诸如贴息、补率差等风险防范机制。目前，农村民间金融已经初具合作金融的雏形，但如果从合作制来看，还具有较大提升空间，成员的开放性较差、民主性管理不够、规范性较低，产权的界定也比较模糊，对社区的关心远远不足，忽视了大部分人而在意小部分人的权益，高成本贷款较多等等。现在的民间融资还没有获得我国法律的认可，放逐并消极对待民间融资，致使民间融资混乱不堪，农民用户难以得到较低利息的贷款。站在资源配置和利用角度而言，我国目前面临的主要问题就是如何发展壮大民间金融。综合分析我国现实情况可知，针对民间融资我们要采取积极态度，对其进行指导梳理，并制定一系列方针政策扶持农民互助金融组织的建立发展，吸纳民间资本服务"三农"。一方面应鼓励农村合作金融的发展，使其能够更好地为农村金融的可持续发展保驾护航，最大限度压缩高利贷民间金融的生存空间；另一方面就是积极制定有关方针政策，在制度上为农村民间融资的可持续发展提供便利条件、保驾护航。

2. 建立农民互助合作金融发展的保障机制。要想农民互助合作金融组织能够更好更快地发展壮大，就必须积极制定并完善合作金融的保障体系，这是我们在发达国家的农村合作金融发展历程中得到的经验。综合剖析发达国家农村合作金融的发展过程，可以从下述几个层面来完善农民互助合作金融保障体制。首先，应进一步完善相关的法律法规。农村金融发展壮大要依靠农民合作金融权这一内在力量，借助农民合作金融权，传统小农能够变革成为组织性较强的现代小农。经过几年的发展，我国金融在立法领域取得了一定成绩，诸如《中央银行法》《保险法》等等一系列金融法律法规顺利问世，然而在合作金融领域并没有取得任何成绩，造成合作金融组织在日常运营过程中无法可依，同时也无法准确进行市场定位、职能界定等。鉴于此，主管部门机构一定要以最快的速度颁布《合作金融法》，不然将《农民专业合作社法》进一步修订实施也是可以的，使农民互助合作金融正常化、规范化。为了不让农民互助合作金融重蹈农村合作基金会的覆辙及正规合作金融体系的异化，我们必须要确定成员间金融合作的性质，并制定适宜的扶持、税收措施为其保驾护航。完善农民互助合作金融的服务和监督机制。只有在国家政府的服务和监督管理下，我国的农民互助合作金融才能够可持续发展壮大。摒弃服务只对其进行监督管理，农民互助合作金融发展壮大是不可能的；摒弃监督管理而只服务，也很难保证其顺利发展壮大。就服务角度而言，先考虑融资服务，即如若该组织没有足够的发展资金，那么政府应承担起主要责任，给予其一定的资金扶持；其次是安全服务，农民互助合作金融组织借助政府才能获得一定的保证金；再次是引入农业保险来最大限度规避小农信贷的风险；还有借助技术和市场服务业务来规避掉经济发展进程中某些风险源；最后借助法律手段来打击不正当竞争，为互助合作金融的可持续发展保驾护航。就监督管理层面可知：第一，对农民互助合作金融组织的成员代表大会、理事会及监事会制度不断健全，在内部加大力量监督管理农民互助合作金融组织；第二，合规性及审慎性监督管理两手齐抓；第三，构建中国特色的农民互助合作金融组织，注重行业自身的监督管理。完善风险管理机制。金融安全网具有三大基本因素，存款保险制度就隶属于其中，借助于稳定、保障及监管职能，我们能更好地挖掘合作金融组织的互动及资金整合潜力优势，进而最大限度地规避金融风险，使合作金融组织体系的抗风险性不断增强，其能够保障存款人的权益，提高民众对合作金融的信心，确保合作金融更好、更快地发展，同时也能够不断增强农村金融体系的稳定性。因此要尽全力推进《破产法》《存款保险法》等的落实。

3. 提高农村信用社的活力，加强其合作性。从农村金融的发展历史可知：农村信用合作社是其发展的主要推动力，但是农村金融需求却一直不能够得到很好满足，其主要原因是因为农信社存在产权界定模糊、责任难以界定、管理滞后、效率不高等问题。因此，诸多的研究者明确指出：农村信用合作社应当退离农村市场。相反，本书却持有不同的观点，认为国家应当积极引导农村信用社发展，强化其合作性能，确保其朝着农民合作的方向发展。多年来，农信社一直垄断着农村金融市场,其骤然退出而其他金融组织却没有及时补入,这样会造成更多的农村金融空白领域。明确农信社的营运定位。合作金融的发展首先应对农信社进行准确定位,"以农村为立足点,以农业为对象,全面服务于农民"是我国农信社的运营理念,在不脱离合作制度的基础上,始终秉持"商业性和合作性和谐统一"的原则,向"三农"提供融资及服务支持是其最根本的职能,这也是中国农信社能够立足社会的根本所在。一部分学者认为,农信社的运营定位没有想象中重要,其制度运营绩效才是重中之重。这种观点不够全面,原因在于任何制度的绩效都不是全部由其本身来决定的,制度的变革完善是一个自我完善的过程,即制度绩效依赖于运营定位。在既定的合理制度安排下,一旦运营定位及机制发生问题,制度的绩效也就相应地难以让人满意。尽管农信社是在我国农村自发演化而成的,然而在市场经济大环境下也具有"城市化倾向"的特点。这种特点并不是因为其制度而产生,但是它却能够对农信社的制度绩效产生一定约束影响。完善农信社法人治理结构。产权是变革农村信用社的关键。农村信用社只有实事求是地选择适合自己的变革方法,才能够将产权明晰化。深入分析各地的实地条件,因地制宜地实施产权组织模式,股份制的农村信用联社、农村商业银行及农村合作银行等模式都可以借鉴。通过合理的积聚股权,使股东重新掌控管理和决策权,这才是农信社法人机制不断完善的关键。与此同时,明确社员代表大会、理事会、监事会的责任权利,使董事长、主任及监事长明确自己的责任义务,严格履行自己的职责,构建良好的运营体系,最大限度挖掘其相互独立、相互协作、相互监管、相互影响的潜力优势。创新合作金融制度,应采取多种产权模式相结合的改革路径。鉴于中国的农村合作金融的异化缺陷较多,所以有人认为合作金融是在农村落后的经济和较低生产力的大环境下应运而生的,它和现代的经济格格不入,应摒弃合作金融。但是纵观国际合作金融可知:合作金融在西方发达经济的大环境下依然存在,生机盎然,诸如荷兰的拉博银行、德国的 DG 银行。我们应当通过变革合作金融制度、实施多元化的产权模式来解决农信社的难题。在不违背既有体系的前提下,立足于中国合作金融的现实情况,规范性地变革完善农信社的合作机制,将它变成真正的合作金融组织;在遵守既有体系的基础上,秉持合作经济的基本准则,搭建完善合作银行体系,借助变革手段将合作信用社成功转变成为合作银行，诸如天津的农业合作银行；与合作制分道扬镳，严格秉持现代市场经济的准则，构建像北京的农村商业银行那样的商业化、全能型的商业银行体系。

7.5 本章小结

农户参与绿色农业融资行为受户主特征因素、家庭特征因素、生产特征因素、环境特征因素等多方因素的共同影响，为优化农户参与绿色农业的融资行为、解决农户参与绿色农业的融资难问题，本章提出了改善农户基本特征、改善农村社会环境、改善绿色农业生产、健全绿色农业政策体系等四方面的政策建议，旨在满足农户参与绿色农业融资的强烈需求、增强农户从正规金融机构融资的可获得性、降低农户参与绿色农业融资的显性及隐性成本，为绿色农业发展做出贡献。

结 论

本书选择的研究对象为具备绿色农业融资行为的农户，采用实地与典型相结合的方法，并对所得的数据进行深入分析，最终完成了本书的撰写。

先查找和总结与本书相关的文献，对调查区域样本农户参与绿色农业融资状况进行了统计和分析，发现农户参与绿色农业融资需求强烈，但大多时候却无法满足；农户很难从正规金融机构手中获得足够的资金；融资隐形成本高等问题。为了解决农户参与绿色农业融资难问题，本书采用实证研究的方法分别对农户参与绿色农业融资需求、融资额度、融资模式以及融资效果进行了分析，并采用仿真实验的方法对实证结果进行了检验，最终提出了优化农户参与绿色农业融资行为的对策建议。

1、研究的主要结论

（1）运用成本收益理论、风险收益理论和行为激励理论从经济学和行为学的视角研究农户参与绿色农业融资的认知、态度、动机、决策等一系列行为过程。并在此基础上揭示出农户参与绿色农业融资行为受户主因素、家庭因素、生产经营因素、环境因素等的影响。

（2）本书主要是利用计量经济模型来研究分析所得的数据，并对农户参与绿色农业融资行为的影响因素加以实证，分别从农户融资需求、融资额度、融资模式以及融资效果四个层面对农户融资行为的影响因素进行分析，通过建立农户融资行为选择模型，寻找制约我国农户参与绿色农业融资行为的影响因素。并运用仿真实验的方法对实证分析进行仿真模拟检验，观测不同因素变化对农户融资行为的影响过程。检验结果与实证分析结果基本吻合。

（3）本书结合农户参与绿色农业融资需求，从提高农户综合素质、推动农户适度规模经营、加大扶持绿色农业生产力度、积极开拓绿色农产品市场、加大绿色农业政策性金融支持、推进绿色农业价值链融资发展、扶持互联网P2P融资对农业务、推动农民互助合作金融发展等多个角度对改善农户参与融资行为进行了详细阐述，并指出了合理可行的参考意见。

综上所述，本书在分析国内外学者相关研究的基础上，站在农户主体参与绿色农业融资的视角进行分析，搭建了农户参与绿色农业融资行为影响因素的数量经济模型，进行了仿真模拟实验，分析各因素对农户参与绿色农业融资行为的影响程度，最后提出了优化农户参与绿色农业融资行为的对策建议。本书进一步丰富了绿色农业及农村金融发展的理论，并为各级政府应对农户融资制定农村金融政策提供了决策依据。

2、创新点

本书所选择的研究理论具有很高的创新性，如信息经济学、农户行业等多个理论，从多个视角对其展开了研究分析。解析了农户参与绿色农业融资行为的相关理论，重点研究农户为什么参与绿色农业融资，不同的环境约束如何影响农户参与绿色农业融资行为的选择，农户的融资需求和融资供给的不均衡如何影响农户与绿色农业融资总额和融资结构。其具体创新点如下：

（1）研究视角的创新。本书以农户为研究对象，以绿色农业融资为切入点，从影响农户参与绿色融资行为的选择和约束条件进行农业绿色融资的同类研究尚不多见，具有一定的创新性。已有研究多是从大农业层面研究农户融资行为，而绿色农业高投入、低产出、高价值的特征用传统农户融资行为理论分析不能体现其在绿色农业融资中的行为选择和影响因素，本书的研究是在大农业农户融资行为理论缩小到绿色农业融资的探索和研究。

（2）研究内容的创新。从行为经济学的视角研究农户参与绿色农业融资的认知、态度、动机、决策等一系列行为过程。运用 Probit、Multinomial Logistic 型等计量经济模型研究农户参与绿色农业融资行为的多维影响因素；研究农户的融资需求和融资供给的不均衡条件下如何影响农户与绿色农业融资总额和融资结构。论文从实证分析的视角为优化农户参与绿色农业融资行为提供支持；分析不同了模式的融资与农户的投资行为、融资渠道选择等行为选择之间的关系，识别不同融资模式对农户经营行为选择的影响效果；评估不同模式的融资对农户收入的影响；通过对农户参与绿色农业融资行为选择的仿真模拟，明晰各影响因素之间的关系，以及各因素变动时农户参与绿色农业融资行为的动态波动过程，分析了各因素变对农户参与绿色农业融资行为的影响程度。这些内容对同类研究而言是一些新的探索和创新。

3、不足之外

出于本人自身研究能力以及资料搜集状况等的局限,导致在实际研究过程中遇到不少问题,使得最终的研究存在着以下几点不足:由于绿色农业融资实践较少,所选研究对象不足,仅选取了黑龙江省和内蒙古地区作为研究对象,在代表性方面较为缺乏。另外,关于农户参与绿色农业融资过程中的"高利贷"现象,在本书的论述及分析中涉及较少,但却是不容忽视的。因此,在今后的研究工作中将会努力加以改善,深化问题的研究深度和宽度。

参考文献

[1] 李晓明. 绿色农业与其发展对策探析[J]. 华中农业大学学报（社会科学版）,2005,03:23-26.

[2] 靳明,林玉君. 绿色农产品消费供求关系分析及其促进[J]. 经济管理,2005,24:53-57.

[3] 卫明,廖丹萍. 我国农村"三权"抵押融资发展现状及对策建议[J]. 安徽农业科学,2011,20:12499-12501.

[4] 孙志红. 农户融资投向、农业风险与微型金融发展[J]. 福建师范大学学报(哲学社会科学版),2015,03:18-24+167.

[5] 尤小文. 农户：一个概念的探讨[J]. 中国农村观察,1999,05:19+21+53+20+22.

[6] 卜范达,韩喜平. "农户经营"内涵的探析[J]. 当代经济研究,2003,09:37-41.

[7] 朱启臻,胡鹏辉,许汉泽. 论家庭农场：优势、条件与规模[J]. 农业经济问题,2014,07:11-17+110.

[8] 郭熙保,冯玲玲. 家庭农场规模的决定因素分析：理论与实证[J]. 中国农村经济,2015,05:82-95.

[9] 伍开群. 家庭农场的理论分析[J]. 经济纵横,2013,06:65-69.

[10] 王春来. 发展家庭农场的三个关键问题探讨[J]. 农业经济问题,2014,01:43-48.

[11] 苏昕,王可山,张淑敏. 我国家庭农场发展及其规模探讨——基于资源禀赋视角[J]. 农业经济问题,2014,05:8-14.

[12] 彭长生. 农民分化对农村宅基地退出补偿模式选择的影响分析——基于安徽省的农户调查数据[J]. 经济社会体制比较,2013,06:133-146.

[13] 马志雄,丁士军. 基于农户理论的农户类型划分方法及其应用[J]. 中国农村经济,2013,04:28-38.

[14] 姜长云. 农户分化对粮食生产和种植行为选择的影响及政策思考[J]. 理论探讨,2015,01:69-74.

[15] 高强,雷海章. 农户分化背景下农村社会结构改革[J]. 农业经济问

题,1998,08:4-8.

[16] 李宪宝,高强. 行为逻辑、分化结果与发展前景——对1978年以来我国农户分化行为的考察 [J]. 农业经济问题,2013,02:56-65+111.

[17] 许恒周,郭玉燕,吴冠岑. 农民分化对耕地利用效率的影响——基于农户调查数据的实证分析 [J]. 中国农村经济,2012,06:31-39+47.

[18] 秦宏,李嘉晓. 农户分化与城镇化:英美实践及启示 [J]. 经济问题,2009,08:114-117.

[19] 杨应杰. 农户分化对农村宅基地使用权流转意愿的影响分析——基于结构方程模型(SEM)的估计 [J]. 经济经纬,2014,01:38-43.

[20] Sehultz.《改造传统农业》[M]. 商务印书馆,1987.03

[21] 卢迈,戴小京. 现阶段农户经济行为浅析 [J]. 经济研究,1987,07:68-74.

[22] 宋洪远. 经济体制与农户行为——一个理论分析框架及其对中国农户问题的应用研究 [J]. 经济研究,1994,08:22-28+35.

[23] 马鸿运. 政策制定的基础:尊重农民和相信农民——对《农户经济活动及行为研究》一书的评价 [J]. 农业经济问题,2002,06:56-57.

[24] 王春超. 转型时期中国农户经济决策行为研究中的基本理论假设 [J]. 经济学家,2011,01:57-62.

[25] 何大安. 交易过程中的行为最大化——对行为理性特征一种新的理论解说 [J]. 中国社会科学,2009,05:116-127+206-207.

[26] 钟春平,陈三攀,徐长生. 结构变迁、要素相对价格及农户行为——农业补贴的理论模型与微观经验证据 [J]. 金融研究,2013,05:167-180.

[27] Chayanov,VohlonenI,TerhoEO,M·ntyj·rviRA.Precipitin sagainst microbesinmoul dyhayin the sera of farmers with farmer'slung or chronic bronch it is and of healthy farmers.[J].European journal of respiratory diseases.Supplement,1987,152:.

[28] Garys.Bckder.Hyaluronicacid(hyaluronan)in BAL fluid distinguishes farmers with allergical veolitis from farmers with a symptomatical veolitis.[J].Chest,1992,1011:.

[29] LynSquire.Nanofibers by Green Electrospinning of Aqueous Suspensions of Biodegradable Block Copolyesters for Applications in Medicine,Pharmacy and Agriculture[J].Macromol.RapidCommun.,1994,3123:.

[30] Eshetu Mulatu,Habtamu Zelleke.Farmers' high land maize(ZeamaysL.)selection

criteria:Implication for maize breeding for the Hararghe high land sofeastern Ethiopia[J]. Euphytica,2002,1271:.

[31] 蔡基宏. 关于农地规模与兼业程度对土地产出率影响争议的一个解答——基于农户模型的讨论[J]. 数量经济技术经济研究,2005,03:28-37.

[32] 李强,张林秀. 农户模型方法在实证分析中的运用——以中国加入WTO后对农户的生产和消费行为影响分析为例[J]. 南京农业大学学报(社会科学版),2007,01:25-31+20.

[33] 吴连翠,陆文聪. 基于农户模型的粮食补贴政策绩效模拟研究[J]. 中国农业大学学报,2011,05:171-178.

[34] 刘帅,钟甫宁. 实际价格、粮食可获性与农业生产决策——基于农户模型的分析框架和实证检验[J]. 农业经济问题,2011,06:15-20+110.

[35] 熊学萍,阮红新,易法海. 农户金融行为、融资需求及其融资制度需求指向研究——基于湖北省天门市的农户调查[J]. 金融研究,2007,08:167-181.

[36] 陈鹏,刘锡良. 中国农户融资选择意愿研究——来自10省2万家农户借贷调查的证据[J]. 金融研究,2011,07:128-141.

[37] 易小兰. 农户正规借贷需求及其正规贷款可获性的影响因素分析[J]. 中国农村经济,2012,02:56-63+85.

[38] 顾宁,范振宇. 农户信贷需求结构分析[J]. 农业经济问李晓明. 绿色农业与其发展对策探析[J]. 华中农业大学学报(社会科学版),2005,03:23-26.

[39] 靳明,林玉君. 绿色农产品消费供求关系分析及其促进[J]. 经济管理,2005,24:53-57.

[40] 卫明,廖丹萍. 我国农村"三权"抵押融资发展现状及对策建议[J]. 安徽农业科学,2011,20:12499-12501.

[41] 孙志红. 农户融资投向、农业风险与微型金融发展[J]. 福建师范大学学报(哲学社会科学版),2015,03:18-24+167.

[42] 尤小文. 农户:一个概念的探讨[J]. 中国农村观察,1999,05:19+21+53+20+22.

[43] 卜范达,韩喜平. "农户经营"内涵的探析[J]. 当代经济研究,2003,09:37-41.

[44] 朱启臻,胡鹏辉,许汉泽. 论家庭农场:优势、条件与规模[J]. 农业经济问题,2014,07:11-17+110.

[45] 郭熙保,冯玲玲. 家庭农场规模的决定因素分析:理论与实证[J]. 中国农村

经济,2015,05:82-95.

[46] 伍开群. 家庭农场的理论分析[J]. 经济纵横,2013,06:65-69.

[47] 王春来. 发展家庭农场的三个关键问题探讨[J]. 农业经济问题,2014,01:43-48.

[48] 苏昕,王可山,张淑敏. 我国家庭农场发展及其规模探讨——基于资源禀赋视角[J]. 农业经济问题,2014,05:8-14.

[49] 彭长生. 农民分化对农村宅基地退出补偿模式选择的影响分析——基于安徽省的农户调查数据[J]. 经济社会体制比较,2013,06:133-146.

[50] 马志雄,丁士军. 基于农户理论的农户类型划分方法及其应用[J]. 中国农村经济,2013,04:28-38.

[51] 姜长云. 农户分化对粮食生产和种植行为选择的影响及政策思考[J]. 理论探讨,2015,01:69-74.

[52] 高强,雷海章. 农户分化背景下农村社会结构改革[J]. 农业经济问题,1998,08:4-8.

[53] 李宪宝,高强. 行为逻辑、分化结果与发展前景——对1978年以来我国农户分化行为的考察[J]. 农业经济问题,2013,02:56-65+111.

[54] 许恒周,郭玉燕,吴冠岑. 农民分化对耕地利用效率的影响——基于农户调查数据的实证分析[J]. 中国农村经济,2012,06:31-39+47.

[55] 秦宏,李嘉晓. 农户分化与城镇化:英美实践及启示[J]. 经济问题,2009,08:114-117.

[56] 杨应杰. 农户分化对农村宅基地使用权流转意愿的影响分析——基于结构方程模型(SEM)的估计[J]. 经济经纬,2014,01:38-43.

[57] Sehultz.《改造传统农业》[M]. 商务印书馆,1987.03

[58] 卢迈,戴小京. 现阶段农户经济行为浅析[J]. 经济研究,1987,07:68-74.

[59] 宋洪远. 经济体制与农户行为——一个理论分析框架及其对中国农户问题的应用研究[J]. 经济研究,1994,08:22-28+35.

[60] 马鸿运. 政策制定的基础:尊重农民和相信农民——对《农户经济活动及行为研究》一书的评价[J]. 农业经济问题,2002,06:56-57.

[61] 王春超. 转型时期中国农户经济决策行为研究中的基本理论假设[J]. 经济学家,2011,01:57-62.

[62] 何大安. 交易过程中的行为最大化——对行为理性特征一种新的理论解说

[J]. 中国社会科学,2009,05:116-127+206-207.

[63] 钟春平,陈三攀,徐长生. 结构变迁、要素相对价格及农户行为——农业补贴的理论模型与微观经验证据 [J]. 金融研究,2013,05:167-180.

[64] Chayanov,VohlonenI,TerhoEO,M·ntyj·rviRA.Precipitin sagainst microbesinmoul dyhayin the sera of farmers with farmer's lung or chronic bronch it is and of healthy farmers.[J].Europe an journal of respiratory diseases.Supplement,1987,152:.

[65] Garys.Bckder.Hyaluronicacid(hyaluronan) in BAL fluid distinguishes farmers with allergical veolitis from farmers with a symptomatical veolitis.[J].Chest,1992,1011:.

[66] Lyn Squire.Nanofibers by Green Electrospinning of Aqueous Suspensions of Biodegradable Block Copolyesters for Applications in Medicine,Pharmacy and Agriculture[J].Macromol.Rapid Commun.,1994,3123:.

[67] Eshetu Mulatu,Habtamu Zelleke.Farmers' high land maize(ZeamaysL.)selection criteria:Implication for maizebreeding for the Hararghe high lands of eastern Ethiopia[J]. Euphytica,2002,1271:.

[68] 蔡基宏. 关于农地规模与兼业程度对土地产出率影响争议的一个解答——基于农户模型的讨论 [J]. 数量经济技术经济研究,2005,03:28-37.

[69] 李强,张林秀. 农户模型方法在实证分析中的运用——以中国加入WTO后对农户的生产和消费行为影响分析为例 [J]. 南京农业大学学报(社会科学版),2007,01:25-31+20.

[70] 吴连翠,陆文聪. 基于农户模型的粮食补贴政策绩效模拟研究 [J]. 中国农业大学学报,2011,05:171-178.

[71] 刘帅,钟甫宁. 实际价格、粮食可获性与农业生产决策——基于农户模型的分析框架和实证检验 [J]. 农业经济问题,2011,06:15-20+110.

[72] 熊学萍,阮红新,易法海. 农户金融行为、融资需求及其融资制度需求指向研究——基于湖北省天门市的农户调查 [J]. 金融研究,2007,08:167-181.

[73] 陈鹏,刘锡良. 中国农户融资选择意愿研究——来自10省2万家农户借贷调查的证据 [J]. 金融研究,2011,07:128-141.

[74] 易小兰. 农户正规借贷需求及其正规贷款可获性的影响因素分析 [J]. 中国农村经济,2012,02:56-63+85.

[75] 顾宁,范振宇. 农户信贷需求结构分析 [J]. 农业经济问题,2012,08:73-78.

[76] 马晓青,刘莉亚,胡乃红,王照飞.信贷需求与融资渠道偏好影响因素的实证分析[J].中国农村经济,2012,05:65-76+84.

[77] 杨庆明.需求转型中农村信贷瞄准机制的偏差——以江西省赣州市为例[J].中国农村金融,2010,02:42-44.

[78] 赵羽,左停.农村金融需求、金融供给与城镇化[J].郑州大学学报(哲学社会科学版),2014,06:95-98.

[79] 肖轶,魏朝富,尹珂.农户农村"三权"抵押贷款需求意愿及影响因素分析——基于重庆市22个县(区)1141户农户的调查数据[J].中国农村经济,2012,09:88-96.

[80] 钱水土,陆会.农村非正规金融的发展与农户融资行为研究——基于温州农村地区的调查分析[J].金融研究,2008,10:174-186.

[81] Anonymous.Stockwire.com:(OTCBB:CGAG)China Green Agriculture,Inc.just released some important news.[J].M2 Press wire,2008,:.

[82] Wahib AlAb dallah,Yaser Dahman.Production of green biocellulosenano fibers by Gluconace to bacterxy linus through utilizing the renewable resources of agriculture residues[J].Bioproces sand Biosystems Engineering,2013,3611:.

[83] Caitlin M.Port,Markus Moos.Growing Food in the Suburbs:Estimating the Land Potential for Suburb an Agriculturein Waterloo,Ontario[J].Planning Practice and Research,2014,292:.

[84] Bar Yosef Mayer Daniella E,Porat Naomi.Green stonebead sat the dawn of agriculture.[J].Proceedings of the National Academy of Sciences of the United Statesof America,2008,10525:.

[85] Whittinghill,D.Bradley Rowe.The role of green roof technology in urban agriculture[J].Renewable Agriculture and Food Systems,2011,274:.

[86] Bouman.The Research of Developing Green Agriculture:Take Pengxi County of Sichuan Province as an Example[J].Management Science and Engineering,2011,52:.

[87] Calvin Miller.Wide adaptation of Green Revolution wheat:international roots and the Indian contextof anew plantbreeding ideal.[J].Studies in history and philosophy of biological and biomedical sciences,2015,50:.

[88] 张世春,申永芳.传统农区农户融资渠道选择及其影响因素分析——基于

河南省林州市的实地调查[J].金融理论与实践,2014,01:28-32.

[89]于丽红,陈晋丽,兰庆高.农户农村土地经营权抵押融资需求意愿分析——基于辽宁省385个农户的调查[J].农业经济问题,2014,03:25-31+110.

[90]胡海峰,陈世金.创新融资模式化解新型城镇化融资困境[J].经济学动态,2014,07:57-69.

[91]李彬,于振冲.日本文化产业投融资模式与市场战略分析[J].现代日本经济,2013,04:60-68.

[92]林安霁,林洲钰.中小企业集合票据融资模式与完善对策[J].中南财经政法大学学报,2013,01:77-82.

[93]S.Ceccarelli,S.Grando,E.Bailey,A.Amri,M.ElFelah,F.Nassif,S.Rezgui,A.Yahyaoui.Farmer participation in barley breeding in Syria,Morocco and Tunisia[J]. Euphytica,2001,1223:.

[94]Harrison,JudyA,Gaskin,JuliaW,Harrison,MarkA,Cannon,JenniferL,Boyer,ReneeR,Zehnder,GeoffreyW.Survey of Food Safety Practices on Small to Medium Sized Farms and in Farmers Markets[J].Journal of Food Protection,2013,7611:.

[95]杨汝岱,陈斌开,朱诗娥.基于社会网络视角的农户民间借贷需求行为研究[J].经济研究,2011,11:116-129.

[96]赵凯.我国农民专业合作社融资模式的比较研究[J].农村经济,2011,05:75-78.

[97]梅归归,柴巧燕,汪艳.浅谈少数民族地区民营企业的"绿色融资"——湖北长友现代农业股份公司的调查及思考[J].科技创业月刊,2008,01:23-24.

[98]汪小勤,黎萍.农业"绿色板块"在我国农业产业化中的融资效应[J].武汉金融,20 02,05:41-42.

[99]丁长琴.我国有机农业发展模式及理论探讨[J].农业技术经济,2012,02:122-128.

[100]龚勋.我国绿色农业发展基本路径探析[J].农业经济,2012,07:53-54.

[101]肖璐熠,刘刚.论绿色农业产业化的金融政策支持[J].农村经济与科技,2013,09:14 5-146+126.

[102]严圣阳.以农民资金互助破解农村创业资金短缺问题[J].经济纵横,2015,05:48-52.

[103]王金秀,郑志冰.促进生态农业的财政支出政策研究[J].农业经

济,2015,03:62-64.

[104]A.恰亚诺夫.农民经济组织[M].中央编译出版社,1996

[105]DerksM,vanWervenT,HogeveenH,KremerWDJ.Associations between farmer participation in veterinary herd health management programs and farm performance.[J].Journal of dairy science,2014,973:.

[106]Debdatta Sengupta,Marnus Gouse,Patricia Zambrano,José Falck Zepeda. Genetically Modified maize:Less drudgery for her,more maize for him?Evidence from Smallholder Maize Farmers in South Africa[J].World Development,2016,:.

[107]Takao Ugai.Evaluation of Sustainable Roof fromVarious Aspects and Benefits of Agriculture Roofing in Urban Core[J].Procedia Social and Behavioral Sciences,2016,216:.

[108]Bohumil Frantál,Adam Prousek.It's not right,but wedoit.Exploring why and how Czech farmers become renewable energy producers[J].Biomass and Bioenergy,2016,:.

[109] 黄宗智.华北的小农经济与社会变迁[M].中华书局,2000

[110]Jason E.Fewell,JasonS.Bergtold,JefferyR.Williams.Farmers'Willingness to Contract Switchgrass as a Cellulosic Bioenergy Cropin Kansas[J].Energy Economics,2016,:.

[111]Mariana A.Pereira,JohnR.Fairweather,KeithB.Woodford,PeterL.Nuthall. Assessing the diversity of values and goals amongst Brazilian commercial scale progressive beef farmers using Qmethodology[J].Agricultural Systems,2016,144:.

[112]Marvelous Sungirai,Doreen Zandile Moyo,Patrick De Clercq,Maxime Madder. Communal farmers'perceptions of tick bornediseases affecting cattle and investigation of tick control methods practiced in Zimbabwe[J].Ticksand Tick-borne Diseases,2016,71:.

[113]Jian Deng,Pingsheng Sun,Fazhu Zhao,Xinhui Han,Gaihe Yang,Yongzhong Feng. Analysis of the ecological conservation behavior of farmers in payment for ecosystem service programs in ecoenvironmentallyfr agileare as using socialpsychology models[J].Science of the Total Environment,2016,550:.

[114]Lisa McNeill,Olivia Hale.Whoshop sat local farmers'markets?Committed loyals,experiencers and produce orientated consumers[J].Australasian Marketing Journal (AMJ),2016,:.

[115]Sugeng Raharto.Institutional Development Model Cocoa Farmers in East Java Province District Blitar[J].Agriculture and Agricultural Science Procedia,2016,9:.

[116] 宋金田,祁春节.交易成本对农户农产品销售方式选择的影响——基于对柑橘种植农户的调查[J].中国农村观察,2011,05:33-44+96.

[117] 彭真善,宋德勇.交易成本理论的现实意义[J].财经理论与实践,2006,04:15-18.

[118] 袁庆明,刘洋.威廉姆森交易成本决定因素理论评析[J].财经理论与实践,2004,05:16-20.

[119] 孔云龙,聂泳祥.自然垄断产业的经济特征分析——基于资产专用性与交易成本理论的思考[J].南方经济,2004,04:23-26.

[120] 王炜瀚.交易成本经济学范式的多国企业经济理论评述[J].经济学动态,2010,04:143-147.

[121] 翁贞林.农户理论与应用研究进展与述评[J].农业经济问题,2008,08:93-100.

[122] 侯俊东,吕军,尹伟峰.农户经营行为对农村生态环境影响研究[J].中国人口.资源与环境,2012,03:26-31.

[123] Danjun Feng, Linqin Ji, Lingzhong Xu. Effect of subjective economic status on psychological distress among farmers and non - farmers of ruralChina[J]. Aust JRural Health,2015,234:.

[124] Jiehong Zhou, Zhen Yan, Kai Li. Understanding farmer cooperatives'selfinspection behavior toguarantee agri-product safety in China[J]. Food Control,2016,59:.

[125] 刘辉,陈思羽.农户参与小型农田水利建设意愿影响因素的实证分析——基于对湖南省粮食主产区475户农户的调查[J].中国农村观察,2012,02:54-66.

[126] 杨婷怡,罗剑朝.农户参与农村产权抵押融资意愿及其影响因素实证分析——以陕西高陵县和宁夏同心县919个样本农户为例[J].中国农村经济,2014,04:42-57.

[127] 胡枫,陈玉宇.社会网络与农户借贷行为——来自中国家庭动态跟踪调查(CFPS)的证据[J].金融研究,2012,12:178-192.

[128] 张兵,张宁.农村非正规金融是否提高了农户的信贷可获性?——基于江苏1202户农户的调查[J].中国农村经济,2012,10:58-68+90.

[129] 蔡荣."合作社+农户"模式:交易费用节约与农户增收效应——基于山东省苹果种植农户问卷调查的实证分析[J].中国农村经济,2011,01:58-65.

[130] 尚锐.农村合作社组织中新型职业农民胜任素质科学培育机制探究——以黑龙江省为例[J].农业技术经济,2015,07:114-120.

[131] 邵传林.农户偏好农村非正规金融的动因:理论模型与经验证据[J].上海经济研究,2012,02:77-84.

[132] 刘西川,程恩江.中国农业产业链融资模式——典型案例与理论含义[J].财贸经济,2013,08:47-57.

[133] 陈灿,罗必良.农业龙头企业对合作农户的关系治理[J].中国农村观察,2011,06:46-57+95.

[134] 贺群,周宏,马媛媛.农户参与农业供应链内部融资的影响因素研究——基于江苏省阜宁县生猪供应链农户的调查[J].南京农业大学学报(社会科学版),2013,06:49-56.

[135] 李焰,高弋君,李珍妮,才子豪,王冰婷,杨宇轩.借款人描述性信息对投资人决策的影响——基于P2P网络借贷平台的分析[J].经济研究,2014,S1:143-155.

[136] Anonymous.LiquidTycoon.com:UQMTechnologies,Inc.(AMEX:UQM)is The Top VolumeGainer OnAMEXDuring Morning Trading Hours;Inovio Biomedical Corp.(AMEX:INO)AndChina Green Agriculture,Inc(AMEX:CGA)Round Out Top Three Volume Gainers During Morning Trading Hours[J].M2Presswire,2009,:.

[137] 傅赞.电子商务发展与融资模式创新探讨——以义乌为例[J].浙江金融,2011,11:67-71.

[138] 白晓燕,李锋.我国农业政策性金融对农业经济增长贡献的实证研究[J].农业经济问题,2005,07:21-24.

[139] 蔡友才,陆娟.我国农村政策性金融的国际借鉴与改革思路[J].当代财经,2005,04:44-48.

[140] 江维国,李立清.互联网金融下我国新型农业经营主体的融资模式创新[J].财经科学,2015,08:1-12.邱楚翘,彭媛媛,周月书,王丽颖.农业产业化背景下的农户融资行为及影响因素——基于江苏泰州与南通农户的调查[J].江苏农业科学,2015,04:443-446.

[141] 安伟.绿色金融的内涵、机理和实践初探[J].经济经纬,2008,05:156-158.

[142] 李志辉,王永伟.开发性金融理论问题研究——弥补政策性金融的开发性金融[J].南开经济研究,2008,04:3-15+45.

[143] 翁智雄,葛察忠,段显明,龙凤.国内外绿色金融产品对比研究[J].中国人口·资源与环境,2015,06:17-22.

[144] 麦均洪,徐枫.基于联合分析的我国绿色金融影响因素研究[J].宏观经济研究,2015,05:23-37.

[145] 刘健,李前.我国农村金融对农村经济发展的影响——基于我国1985～2006数据的协整分析和格兰杰因果检验[J].东岳论丛,2008,02:74-79.

[146] 刘耀彬.中国城市化与能源消费关系的动态计量分析[J].财经研究,2007,11:72-81.

石巧荣.人民币升值预期成因分析:基于格兰杰因果检验[J].数量经济技术经济研究,2010,07:66-75+90.

[147] 翟照艳,王家传,韩宏华.中国农户投融资行为的实证分析[J].经济问题探索,2005,04:30-34.

[148] 唐成.中国的政策性金融和邮政储蓄的关系研究[J].经济研究,2002,11:45-53+93.

[149] 范少虹.绿色金融法律制度:可持续发展视阈下的应然选择与实然构建[J].武汉大学学报(哲学社会科学版),2013,02:75-79+128-129.

[150] 樊云慧.P2P网络借贷的运营与法律监管[J].经济问题,2014,12:53-58.

[151] 严立冬,何伟,乔长涛.绿色农业产业化的政策性金融支持研究[J].中南财经政法大学学报,2012,02:88-92.

[152] Anonymous.China Green Agriculture,Inc.;China Green Agriculture,Inc.Holds10th Annual Distributor Conference[J].Agriculture Business Week,2010,:.

[153] 赵建欣,张忠根.基于计划行为理论的农户安全农产品供给机理探析[J].财贸研究,2007,06:40-45.

[154] 崔元锋,严立冬,陆金铸,屈志光.我国绿色农业发展水平综合评价体系研究[J].农业经济问题,2009,06:29-33.

[155] 刘晓亮,康学芹.我国绿色农产品的定价分析及发展对策[J].价格理论与实践,2007,11:66-67.

[156] 刘克春.粮食生产补贴政策对农户粮食种植决策行为的影响与作用机理分析——以江西省为例[J].中国农村经济,2010,02:12-21.

[157] 张正斌,王大生.加快中国绿色农业和绿色食品技术标准体系建设[J].中

国科学院院刊,2010,03:288-297.

[158] 褚彩虹,冯淑怡,张蔚文.农户采用环境友好型农业技术行为的实证分析——以绿色肥与测土配方施肥技术为例[J].中国农村经济,2012,03:68-77.

[159] 殷志扬,程培堽,王艳,袁小慧.计划行为理论视角下农户土地流转意愿分析——基于江苏省3市15村303户的调查数据[J].湖南农业大学学报(社会科学版),2012,03:1-7.

[160] 郭斌,甄静,谭敏.城市居民绿色农产品消费行为及其影响因素分析[J].华中农业大学学报(社会科学版),2014,03:82-90.

[161] 黄武,黄宏伟,朱文家.农户秸秆处理行为的实证分析——以江苏省为例[J].中国农村观察,2012,04:37-43+69+93.

[162] 李赞红,阎建忠,花晓波,辛良杰,李秀彬.不同类型农户撂荒及其影响因素研究——以重庆市12个典型村为例[J].地理研究,2014,04:721-734.

[163] 倪学志.我国绿色农产品有效供给研究[J].农业经济问题,2012,04:18-21.

[164] 杜莉,张鑫.绿色金融、社会责任与国有商业银行的行为选择[J].吉林大学社会科学学报,2012,05:82-89+160.

[165] 王常伟,顾海英.农户环境认知、行为决策及其一致性检验——基于江苏农户调查的实证分析[J].长江流域资源与环境,2012,10:1204-1208.

[166] 张忠明,钱文荣.不同兼业程度下的农户土地流转意愿研究——基于浙江的调查与实证[J].农业经济问题,2014,03:19-24+110.

[167] 杨庆明.需求转型中农村信贷瞄准机制的偏差——以江西省赣州市为例[J].中国农村金融,2010,02:42-44.

[168] 赵大伟.中国绿色农业发展的动力机制及制度变迁研究[J].农业经济问题,2012,11:72-78+111.

[169] 李谷成.中国农业的绿色生产率革命:1978—2008年[J].经济学(季刊),2014,02:537-558.

[170] 刘慧,黄秉杰.法经济学视域下缓解农村金融供需失衡的金融调控对策[J].理论探讨,2012,06:98-101.

[171] 侯麟科,仇焕广,白军飞,徐志刚.农户风险偏好对农业生产要素投入的影响——以农户玉米品种选择为例[J].农业技术经济,2014,05:21-29.

[172] 杨玉珍.宅基地腾退中农户行为决策的理论解析[J].农业技术经

济,2014,04:53-62.

[173] 宗芳,许洪国,张慧永.基于OrderedProbit模型的交通事故受伤人数预测[J]. 华南 理工大学学报(自然科学版),2012,07:41-45+56.

[174] 杜本峰.农村独生子女生育选择影响因素及测度研究——基于MultinomialLogistic模型实证分析[J].人口研究,2010,03:17-31.

[175] 董翀,钟真,孔祥智.农民合作社提供价值链融资的效果研究——来自全国百余个农 民合作社的证据[J].中国延安干部学院学报,2015,06:108-117.

[176] 吴林海,许国艳,HUWuyang.生猪养殖户病死猪处理影响因素及其行为选择——基于仿真实验的方法[J].南京农业大学学报(社会科学版),2015,02:90-101+127-128.

[177] 赵艺学,王海文,曲继宗.黄土高原小流域综合整治人群的意识—行为过程分析[J].自然辩证法研究,2001,01:66-69.

[178] 程名望,史清华,JinYanhong.农户收入水平、结构及其影响因素——基于全国农村固定观察点微观数据的实证分析[J].数量经济技术经济研究,2014,05:3-19.

[179] 田云,张俊飚.中国绿色农业发展水平区域差异及成因研究[J].农业现代化研究,2013,01:85-89.

[180] 赵艺学,王海文,曲继宗.黄土高原小流域综合整治人群的意识—行为过程分析[J].自然辩证法研究,2001,01:66-69.

[181] 陈凯,郭芬,赵占波.绿色消费行为心理因素的作用机理分析——基于绿色消费行为心理过程的研究视角[J].企业经济,2013,01:124-128.

[182] 李宪宝,高强.行为逻辑、分化结果与发展前景——对1978年以来我国农户分化行为的考察[J].农业经济问题,2013,02:56-65+111.

[183] 吴金椿.基于实物流的企业运作仿真模拟实验体系的构建与应用[J].实验室研究与探索,2013,04:210-213.

[184] 钟晓兰,李江涛,冯艳芬,李景刚,刘吼海.农户认知视角下广东省农村土地流转意愿与流转行为研究[J].资源科学,2013,10:2082-2093.

[185] 丰雷,蒋妍,叶剑平,朱可亮.中国农村土地调整制度变迁中的农户态度——基于1999~2010年17省份调查的实证分析[J].管理世界,2013,07:44-58.

附　录

农户融资情况调查问卷

_____省_____市_____县_____乡（镇）_____行政村_____自然村

一、户主基本情况

1. 户主年龄：_____岁

2. 户主文化程度：（1）小学及以下（2）初中（3）高中或中专（4）大专及以上

3. 户主性别：（1）男（2）女

4. 户主政治面貌：（1）党员（2）群众

5. 户主是否曾经或现在担任村干部分组：（1）是（2）否

6. 农户对银行融资政策的认知程度：（1）不了解（2）有点了解（3）比较了解（4）非常了解

7. 您是否担心后代人的生活环境会越来越差？

　A. 非常担心，并且想为环保做自己力所能及的事

　B. 担心，但没有办法

　C. 不担心

　D. 无所谓

8. 您是否担心蔬菜水果有农药残留，危害身体健康？

　A. 非常担心　　B. 担心，但没有办法　　C. 不担心　　D. 无所谓

9. 您是否知道长期使用农药等化学杀虫剂，其结果是什么：

　A. 知道，很清楚　　B. 知道，但不清楚　　C. 不知道　　D. 无所谓

10. 您认为使用农药是否会污染土壤及水源？

　A. 污染　　B. 不污染　　C. 不知道　　D. 无所谓

11. 农户对绿色农产品种植的认知程度：

A. 知道，很清楚　　B. 知道，但不清楚　　C. 不知道

12. 户主认为绿色农业生产前景是否乐观：（1）是（2）否

13. 同时给出三份工作，户主的选择是：

A. 每个月工资2800元

B. 每个月的固定工资2000元，有40%的可能每月有2000元奖金

C. 每个月的工资不确定，有80%的可能性是1000元，20%的可能性是10000元的选择

二、农户家庭情况

1. 2014年末家庭常住人口人数_____，其中：男性人数_____。

2. 16岁以上劳动力人数_____。

3. 劳动力平均年龄_____。

4. 劳动力最高受教育程度：（1）未上学（2）小学（3）初中（4）高中（5）中专（6）大专及以上

5. 家庭成员是否有非农职业：（1）是（2）否

6. 2014年末您家实际经营耕地面积_____亩。

7. 2014年末您家实际经营园地、林地、牧草地、渔业养殖面积_____亩。

8. 2014年您家的总收入是_____元，其中绿色农业收入为_____元。

9. 2014年您家的主要收入来源：

（1）绿色农业生产经营收入（2）非绿色农业生产经营收入

（3）工资性收入（4）其他收入

10. 您家属于哪种经营类型的农户：（1）纯农户（2）农兼户

（3）兼农户（4）非农户

11. 2014年您家绿色农业生产总投入为_____元，其中固定资产投入为_____元。

12. 农村信用社是否对您进行过信用评级并授予信用贷款额度：（1）是（2）否

13. 您家被授予的信用贷款额度是_____元。

14. 在本村您家的声誉情况：（1）好（2）一般（3）不好

15. 您家和亲戚朋友来往的是否密切：（1）是（2）否

三、农户融资情况

1. 在本村是否有正规金融机构业务网点：（1）有 （2）没有

2. 您家是否参加过绿色农业生产专业合作社：（1）是 （2）否

3. 您家所在区域绿色农产品生产加工企业数量是_____个。

4. 您家所生产的绿色农产品销售渠道（卖给什么人或者机构）_____。

5. 您家所销售的绿色农产品是否能够保证全部收到货款：（1）是（2）否

6. 您家在生产、生活及其他活动过程中，是否需要从银行、信用社或其他私人渠道借款：（1）不需要 （2）需要

7. 2014年您家的借款金额是_____元。

8. 您家借款的来源是：

（1）国有商业银行（2）信用社 （3）邮政储蓄银行（4）村镇银行（5）贷款公司 （6）向亲朋借款 （7）向种子、有机肥经销商赊购（8）向龙头企业预借 （9）P2P网络贷款（10）其他

样本村庄与样本农户分布

样本省	样本地区	样本县（市）	样本镇	样本村庄	样本农户
内蒙古自治区	呼和浩特市	清水河	城关镇	曹家沟村	62
				八龙湾村	65
			宏河镇	解放村	61
				青豆沟村	60
			北堡乡	丈房湾村	63
				三黄水村	63
		武川县	可可以力更镇	大兴昌村	65
				乌兰忽洞村	61
			西乌兰不浪镇	乌兰不浪村	60
				什八台村	64
			哈拉合少乡	哈拉合少村	65
				庙沟村	62
	兴安盟	乌兰浩特市	乌兰哈达镇	乌兰哈达嘎查	58
				查干嘎查	59
			葛根庙镇	呼格吉乐嘎查	56
				国光村	57
		科尔沁右翼前旗	大坝沟镇	柳树川村	35
				大坝沟村	38
			太本站镇	新华村	36
				建设村	39

(续表)

黑龙江省	哈尔滨市	五常市	拉林镇	民兴村	60
				镇新村	62
			向阳镇	建国村	63
				群富村	65
			安家镇	新联村	64
				吉祥村	63
		延寿县	六团镇	六团村	65
				凌河村	65
			加信镇	长富村	61
				福安村	65
			延河镇	平安村	60
				盘龙村	60
	牡丹江市	宁安县	宁安镇	利民村	54
				长江村	56
			石岩镇	幸福村	52
				四合村	50
		林口县	林口镇	七星村	45
				新发村	42
			朱家镇	新胜村	33
				新丰村	34

数据来源：根据调研材料整理而得